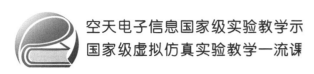

空天电子信息国家级实验教学示
国家级虚拟仿真实验教学一流课

U0158028

毫米波雷达智能感知实验教程

陈鹏辉　张玉玺　魏少明　杨　彬　王　俊　编著

北京航空航天大学出版社

内 容 简 介

毫米波波长短、带宽大,毫米波雷达具有较高的分辨率、精度高和灵敏度好,环境适应性强,可全天候观测,在无人驾驶、汽车辅助驾驶、智能交通等领域发挥着重要作用。相较于以矢量网络分析仪、天线组件、射频电缆等构成的常规雷达实验系统而言毫米波雷达系统可实现规模化、系统化的实物实验教学,具有成本低、普适性好的特点。

本书共包括 6 章,第 1 章介绍毫米波雷达系统的构成和工作原理;第 2 章为测距实验,利用宽带调频信号进行距离测量,分析测距性能及影响因素;第 3 章为测速实验,基于目标回波信号相位的变化规律实现运动目标速度的测量,并分析了制约测速能力的因素;第 4 章为测角实验,基于阵列天线回波信号的数理模型,实现目标方位的测量,并分析了测角性能;第 5 章为综合感知实验,密切结合智慧应用场景,将毫米波雷达用于人员检测与跟踪、手势识别,利用毫米波雷达的测量能力,实现测量场景中的智能感知;第 6 章为实验报告示例,为学生总结实验结果,深入理解和分析实验现象提供参考。

本书既可作为高等院校相关专业本科生和研究生的教材,又可作为从事雷达系统、信号与信息处理等相关专业的工程技术人员的参考资料。

图书在版编目(CIP)数据

毫米波雷达智能感知实验教程 / 陈鹏辉等编著. --
北京:北京航空航天大学出版社,2024.3 (2025.1重印)
ISBN 978 - 7 - 5124 - 4324 - 2

Ⅰ. ①毫… Ⅱ. ①陈… Ⅲ. ①毫米波雷达—教材
Ⅳ. ①TN958

中国国家版本馆 CIP 数据核字(2024)第 029507 号

毫米波雷达智能感知实验教程

陈鹏辉 张玉玺 魏少明 杨 彬 王 俊 编著
策划编辑 蔡 喆 责任编辑 蔡 喆
*
北京航空航天大学出版社出版发行

北京市海淀区学院路 37 号(邮编 100191) http://www.buaapress.com.cn
发行部电话:(010)82317024 传真:(010)82328026
读者信箱:goodtextbook@126.com 邮购电话:(010)82316936
北京富资园科技发展有限公司印装 各地书店经销
*
开本:787×1 092 1/16 印张:8.25 字数:211 千字
2024 年 3 月第 1 版 2025 年 1 月第 2 次印刷 印数:501~1 000 册
ISBN 978 - 7 - 5124 - 4324 - 2 定价:29.00 元

前　　言

　　雷达(radio detection and ranging，Radar)意为"无线电探测和测距"，即采用无线电方法探测目标并测量它们的空间位置。因此，雷达也被称为"无线电定位"。雷达系统是利用电磁波探测目标的电子设备，通过发射电磁波照射目标并接收回波，由此获得目标到雷达发射天线的距离、距离变化率(径向速度)、方位角、俯仰角等信息。因此，雷达系统可以实现测距、测速、测角等目标信息测量功能。在此基础上，雷达可以面向更加复杂和智能的应用需求，解决目标探测和信息获取等问题。

　　近年来，雷达系统技术发展迅速，在国家安全、航空航天、智慧城市、智能家居、生命检测与健康监测等领域发挥着重要的作用。切实理解和掌握雷达系统结构、测量和信号处理方法、信息获取技术是新时代培养高质量电子信息类人才的主要目标之一。

　　早期雷达系统具有结构复杂、体积较大、安装不便、成本高昂等特点，在雷达教学中难以开展系统化、规模化的实物系统实验。随着微电子技术和雷达技术的快速发展，高度集成化的毫米波雷达系统呈现出迸发之势，且具有体积小、成本低等优势，为雷达课程实验的系统化、结构化创新设计提供了条件。

　　党的二十大报告指出，"教育、科技、人才是全面建设社会主义现代化国家的基础性、战略性支撑。必须坚持科技是第一生产力、人才是第一资源、创新是第一动力，深入实施科教兴国战略、人才强国战略、创新驱动发展战略，开辟发展新领域新赛道，不断塑造发展新动能新优势"，报告还指出，"培养造就大批德才兼备的高素质人才，是国家和民族长远发展大计。"在教学实践中，实验教学与理论课堂相辅相成。开展实验教学有助于培养学生的创造性思维，提高学生解决实际问题的能力，培养学生的团队协作精神。因此，在理解雷达系统基本原理的基础上，通过现场实验测量、真实数据处理,将测量结果与观测场景紧密结合,有助于学生切实掌握雷达理论,对进一步学习和掌握雷达领域先进理论、方法、技术奠定基础。

毫米波雷达智能感知实验课程建设与实践是落实电子信息类专业工程教育的重要途径。该课程作为与国防探测领域、国民智能感知领域密切相关的电子信息类专业课程,具有显著的工程教育特色。2017年2月以来,教育部积极推进新工科建设,先后形成了"复旦共识""天大行动""北京指南",并发布了《关于开展新工科研究与实践的通知》《关于推荐新工科研究与实践项目的通知》,全力探索形成领跑全球工程教育的中国模式、中国经验,助力高等教育强国建设。

毫米波雷达智能感知实验课程建设与实践是夯实国防人才需求专业知识的重要环节。雷达技术经过了革命性发展,现代雷达功能丰富且用途广泛。在国防领域,对空情报雷达用于搜索、监视和识别空中目标,如对空警戒雷达、引导雷达和目标指示雷达;对海警戒雷达用于探测海面目标,是各类水面舰艇和海岸、岛屿防御的重要利器;机载预警雷达,用于探测空中各种高度(尤其是低空、超低空)的飞行目标,并引导己方飞机拦截敌机、攻击敌舰或地面目标,具有良好的下视能力和广阔的探测范围;超视距雷达利用短波在电离层与地面之间的跳跃传播,探测地平线以下的目标,能及早发现刚从地面发射的洲际弹道导弹和超低空飞行的战略轰炸机等目标,可为防空系统提供较长的预警时间。雷达技术的发展亟需专业技术人才开拓、创新。

毫米波雷达智能感知实验课程建设与实践是培养学生家国情怀,激发学生积极投身国家科技自主发展的重要环节。我国的雷达技术始于国防、始于军工、始于保家卫国。历经60余年的发展,经过众多雷达人的努力,当前中国雷达技术已经与世界先进水平接轨,并在局部领域处于领先地位。在这一过程中涌现出了一代又一代自力更生、勇于担当、百折不挠、敢为人先的国防建设者。实验实践是学生深入理解理论知识,构建和巩固知识体系的重要环节,通过实际操作感受科学家和工程师们在雷达技术发展历程中做出的卓越贡献。

为了适应新时代"以本为本",建设中国特色的一流本科教育,以及电子信息技术发展对雷达领域高水平、高技能人才的迫切需求,进一步加强学生对雷达原理以及雷达成像等相关课程基本概念和原理的理解和掌握,作者在总结多年雷达系统课程教学经验、雷达科学技术研究经历的基础上,将可用于规模化、系统化开展实验教学的毫米波雷达系统引入到教学实验中并编写了这本《雷达感知实验教程》,以期对雷达系统相关课程的学习起到积极的推动作用。

在雷达课程教学实践中,通过采用国产化、低成本的毫米波雷达系统开展规模化课程实验,将雷达工程教育与家国情怀培养相结合,有助于进一步巩固和提升学生理解和掌握雷达知识体系,有助于加强学生的实验实践能力,有利于培养和提升学生的爱国之情,激发学生的报国之志,为国家培养和输送更多更优秀的建设者和接班人。

本书共包括 6 章,第 1 章介绍了毫米波雷达系统的构成和工作原理;第 2 章为测距实验,利用宽带调频信号进行距离测量,分析测距性能及影响因素;第 3 章为测速实验,基于目标回波信号相位的变化规律实现运动目标速度的测量,并分析了制约测速能力的因素;第 4 章为测角实验,基于阵列天线回波信号的数理模型,实现目标方位的测量,并分析了测角性能;第 5 章为综合感知实验,密切结合智慧应用场景,将毫米波雷达用于人员检测与跟踪、手势识别,利用毫米波雷达的测量能力,实现测量场景中的智能感知;第 6 章为实验报告示例,为学生总结实验结果,深入理解和分析实验现象提供参考。

本书可为学生构建雷达系统知识体系,掌握雷达系统工作原理、测量方法、信息处理技术,并提供训练途径和实施方案,提升新时代雷达信息技术专业人才培养质量,引导学生投身现代化国家安全、航空航天事业,为我国雷达技术持续快速发展培养后备人才。

全书由陈鹏辉主编,其中第 1 章主要由陈鹏辉、王俊编写,第 2~5 章由陈鹏辉、张玉玺编写,第 6 章由魏少明、杨彬编写,陈鹏辉对全书进行了统稿和修改。在本书撰写过程中,得到了北京航空航天大学诸多同仁的大力支持和帮助,在此表示衷心的感谢。

本书撰写工作得以顺利完成,得益于北京航空航天大学杭州创新研究院毫米波感知与智能监控研究平台研制的毫米波雷达在本书实验设计和验证过程中发挥了重要作用,在此对该平台的大力支持表示感谢。也得到了北航教材出版社基金和课题组研究生的大力支持。白玉晶博士研究生辅助开发了实验软件。黄文锋、袁晨晨、魏宇浩、龚子为、施卜冉、何新元、朱江游、胡朕朕、宋金昊、邢智璇、田刘洋等硕士研究生在实验验证中提供了大量帮助。选修过"综合创新-综合设计""科研课堂"等课程的同学,在实验系统测试和课程线上、线下资源的使用过程中提出了有益建议。这里一并向对本书实验套件设计、实验软件编写、实验验证测试提供的帮助表示衷心的感谢。

作者在撰写本书过程中深受国内外雷达课程相关教材和相关文献的启发和影响(列于书末参考文献中),在此谨向有关作者致谢。

由于作者学识和水平有限,不当之处希望读者及同仁批评指正,多提宝贵意见!

意见和建议请发至作者邮箱 chenpenghui@buaa.edu.cn。

陈鹏辉

2023 年 7 月

目　　录

第1章　毫米波雷达系统

2023年5月30日16时29分,"神舟"十六号载人飞船成功对接于空间站"天和"核心舱径向端口(见图1-0),将新一批航天员送往空间站。这是中国空间站转入应用与发展阶段后的首次载人飞行任务,也是交会对接微波雷达的第十四次成功应用。由中国航天科工二院二十五所(北京遥感设备研究所)自主研发的微波雷达顺利引导"神舟"十六号载人飞船与空间站组合体完成对接,延续"毫无差错、毫无隐患、毫无悬念"的出色表现。

微波雷达是空间站交会对接过程中的关键测量敏感器,承担着中远距离空间飞行器间距离、速度、角度等相对运动参数的精确测量任务,此次任务中,安装在"神舟"十六号载人飞船上的微波雷达在两器相距约150 km处开机,迅速与安装在"天和"核心舱上的应答机建立通信,并稳定输出高精度的距离、速度、角度等测量信息,并保持全过程可靠工作。

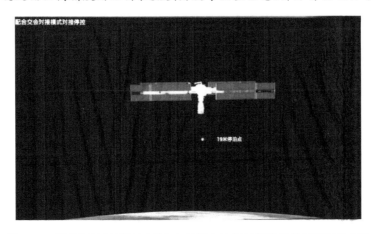

图1-0　微波雷达用于"神舟"十六号载人飞船对接空间站"天和"核心舱

电磁波是雷达进行目标探测和参数测量的信息载体。雷达系统通过发射和接收电磁波信号以获取探测空间的第一手数据,通过解析雷达接收到的电磁波信号的幅度、相位与观测时间、电磁波频率和极化方向、天线空间位置和指向等维度变量的关系获取被测场景中目标的丰富信息。

1.1　毫米波雷达系统原理

毫米波雷达智能感知采用高度集成化的调频连续波(frequency modulated continuous wave,FMCW)雷达开展实验研究与探索。FMCW毫米波雷达系统结构基本框图如图1-1所示,主要包括控制单元、发射机、接收机、发射天线、接收天线和数字信号处理模块(digital signal processing,DSP)等。

控制单元主要用于配置雷达系统的发射波形参数、收发天线工作模式、数据采集参数等,

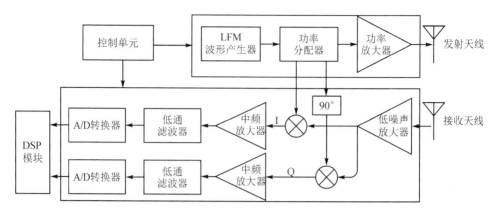

图 1 - 1　FMCW 雷达系统结构基本框图

是雷达系统开展测量工作的调度中心。

　　波形产生器生成线性调频(linear frequency modulation,LFM)连续波,通过功率分配器后得到三路雷达信号,其中一路通过发射天线发射,另两路传送到混频器。发射出的电磁波经过目标物体反射后的回波信号由接收天线接收,并由低噪声放大器处理后,分别与发射信号及发射信号相移 90°后的信号混频,得到包含目标信息的 I 和 Q 两路正交中频信号。两路正交中频信号再经过低通滤波器及 A/D 转换器后便可以利用信号处理(DSP)模块对中频信号进行分析,从而得出与目标的距离、速度、角度等信息。

1.2　毫米波雷达系统

　　毫米波雷达因其频率高、波长短、天线尺寸小、集成度高等特点,在雷达实验教学应用中具有很高的便捷性和经济性,为规模化开展雷达系统相关教学实验提供了良好的条件。图 1 - 2 所示为某品牌多型号国产化毫米波雷达系统。

1.2.1　毫米波雷达系统结构

　　线性调频连续波(linear frequency modulation continuous wave,LFMCW)毫米波雷达的硬件系统主要包括发射天线、接收天线、射频模块、控制器模块、A/D 转换器及信号处理模块等。LFMCW 雷达系统结构框图如图 1 - 3 所示。

　　线性调频连续波由波形发生器产生,通过功率分配器将信号分别传输到发射支路和接收支路。发射天线将射频电磁波信号辐射到探测空间,接收天线则用于接收被测区域的回波信号,接收信号经过低噪声放大器后与来自功率分配器的参考信号通过混频器混频从而得到包含目标信息的中频信号,中频信号再经低通滤波器及 A/D 转换器转换后便可以利用数字信号处理(DSP)模块对中频信号进行分析,从而得到目标的速度、距离、角度等信息。

1.2.2　毫米波雷达天线

　　雷达系统电路中的信号和空间中传播的电磁波信号通过天线实现能量转换,即通过发射天线将电路中的电信号转换为空间中传输的电磁波,通过接收天线将到达天线的电磁波转换为电路中的电信号,其幅度和相位携带了被测目标的丰富信息。雷达系统采用的天线形式多

(a) 线阵2T3R

(b) 线阵2T3R

(c) 面阵4T4R

图 1 - 2　某品牌多型号国产毫米波雷达系统

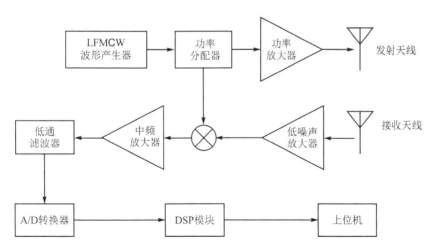

图 1 - 3　LFMCW 雷达系统结构框图

样,如扬声器天线、抛物面天线、相控阵天线等,根据具体雷达系统的探测需求和性能指标
选用。

　　由天线理论可知,工作频率较高的毫米波雷达可以采用尺寸非常小的天线来辐射和接收
电磁波信号,这就为采用印刷电路板(printed circuit board,PCB)形式的天线提供了理论

基础。

根据雷达系统的不同用途,设计的毫米波雷达天线通常具有不同的空间分布。常见的收、发天线空间分布分别如图1-4、图1-5所示。对于毫米波雷达而言,天线空间布局中,相邻接收天线单元的空间距离为雷达工作中心频率对应波长的一半。

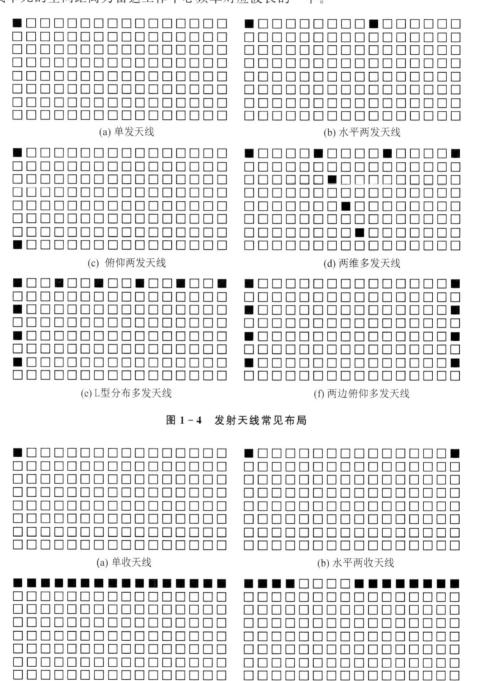

(a) 单发天线　　　　　　　　　　　　(b) 水平两发天线

(c) 俯仰两发天线　　　　　　　　　　(d) 两维多发天线

(e) L型分布多发天线　　　　　　　　(f) 两边俯仰多发天线

图1-4　发射天线常见布局

(a) 单收天线　　　　　　　　　　　　(b) 水平两收天线

(c) 全阵列接收天线　　　　　　　　　(d) 稀疏阵列接收天线

图1-5　接收天线常见布局

对于发射天线,图 1-4 给出了常见的单发天线、水平两发天线、俯仰两发天线、两维多发天线、L 型分布多发天线、两边俯仰多发天线的基本空间构型。

对于接收天线,图 1-5 中给出了常见的单收天线、水平两收天线、全阵列接收天线、稀疏阵列接收天线的基本空间构型。

通过将发射天线空间构型和接收天线空间构型结合,即可形成多种形式的收、发天线系统。例如,将图 1-4(a)所示的单发天线与图 1-5(a)所示的单收天线结合,形成一发一收天线通道,可用于目标探测,实现目标距离、径向速度等参数的测量;将图 1-4(f)所示的两边俯仰多发天线与图 1-5(c)所示的全阵列接收天线相结合,形成方位、俯仰两个维度的多天线通道,通过测量数据可用于实现目标空间位置、目标运动参数、三维雷达成像等测量的需求。

1.2.3　雷达信号

对于上调频(up-chirp)的 LFM 信号,其数学表达式可写为

$$s(t) = \mathrm{Re}\left\{ \mathrm{rect}\left(\frac{t}{T}\right) \exp\left[\mathrm{j}(2\pi f_c t + \pi K t^2)\right] \right\} \tag{1-1}$$

式中,f_c 为载波频率;K 为调频斜率,$K = \dfrac{B}{T}$;B 为调频带宽;T 为调频时宽;$\mathrm{rect}\left(\dfrac{t}{T}\right)$ 为矩形信号,且满足

$$\mathrm{rect}\left(\frac{t}{T}\right) = \begin{cases} 1, & \left|\dfrac{t}{T}\right| \leqslant 1 \\ 0, & \text{其他} \end{cases} \tag{1-2}$$

于是,信号的瞬时频率为 $f_c + Kt\left(-\dfrac{T}{2} < t < \dfrac{T}{2}\right)$,如图 1-6(a)所示。

对于下调频(down-chirp)的 LFM 信号,其数学表达式可写为

$$s(t) = \mathrm{Re}\left\{ \mathrm{rect}\left(\frac{t}{T}\right) \exp\left[\mathrm{j}(2\pi f_c t - \pi K t^2)\right] \right\} \tag{1-3}$$

相应的信号瞬时频率为 $f_c - Kt\left(-\dfrac{T}{2} < t < \dfrac{T}{2}\right)$,如图 1-6(b)所示。

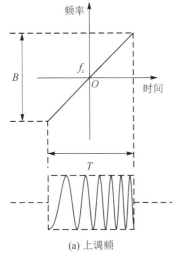

(a) 上调频

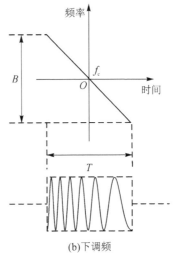

(b)下调频

图 1-6　典型的 chirp 信号

将式(1-1)中的上调频信号重写为

$$s(t) = \mathrm{Re}\left[A(t)\mathrm{e}^{\mathrm{j}2\pi f_c t}\right] \tag{1-4}$$

其中

$$A(t) = \mathrm{rect}\left(\frac{t}{T}\right)\mathrm{e}^{\mathrm{j}\pi K t^2} \tag{1-5}$$

$A(t)$是信号$s(t)$的复包络。由傅里叶变换性质可知,$A(t)$与$s(t)$具有相同的幅频特性,只是中心频率不同而已。

对于线性调频雷达信号,主要参数如表1-1所列,包括中心频率f_c、调频带宽B、调频时宽T、调频斜率K等。

对于$B=30$ MHz、调频时宽$T=10$ μs、调频斜

表 1-1 线性调频信号主要参数

参数名称	符　号
中心频率	f_c
调频带宽	B
调频时宽	T
调频斜率	K

率$K=3\times10^{14}$ Hz/s的线性调频信号,其基带信号时域波形和幅频特性如图1-7所示。

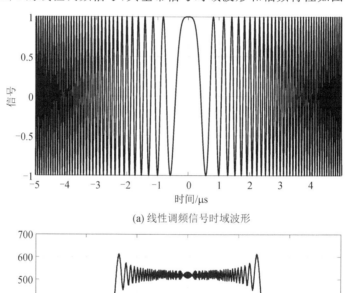

(a) 线性调频信号时域波形

(b) 线性调频信号幅频特性

图 1-7　LFM 信号的时域波形和幅频特性

假设发射信号幅度为1,略去矩形信号$\mathrm{rect}\left(\frac{t}{T}\right)$,并引入线性调频射频信号的起始频率$f_0 = f_c - \dfrac{B}{2}$,将时间从$\left[-\dfrac{T}{2}, \dfrac{T}{2}\right]$变更为$[0, T]$。式(1-1)表示的雷达发射信号可以进一

步表示为

$$s(t) = \mathrm{Re}\{\exp[\mathrm{j}(2\pi f_0 t + \pi K t^2)]\} = \cos(2\pi f_0 t + \pi K t^2) \qquad (1-6)$$

对于距离为 R 的远处单个目标,则雷达回波信号为

$$s_\mathrm{r}(t) = \mathrm{Re}(A_0 e^{\mathrm{j}\phi_0} \cdot \exp\{\mathrm{j}[2\pi f_0(t-\tau) + \pi K(t-\tau)^2]\}) =$$
$$A_0 \cos[2\pi f_0(t-\tau) + \pi K(t-\tau)^2 + \phi_0] \qquad (1-7)$$

式中, A_0 和 ϕ_0 分别表示目标电磁散射特性对回波信号幅度、相位的影响; $\tau = 2R/c$ 为信号延时, c 为自由空间中的光速。

以发射信号为参考信号,将雷达回波信号分别与式(1-6)表示的原始 $s(t)$ 及其经 90°相移后的信号进行混频,低通滤波后,分别得到同相(In-Phase)支路中频信号 $s_\mathrm{IF}(t)$ 和正交(Quadrature)支路中频信号 $\hat{s}_\mathrm{IF}(t)$ 分别为

$$s_\mathrm{IF}(t) = A_0 \cos(2\pi K\tau t + 2\pi f_0\tau - \pi K\tau^2 - \phi_0) \qquad (1-8)$$
$$\hat{s}_\mathrm{IF}(t) = A_0 \sin(2\pi K\tau t + 2\pi f_0\tau - \pi K\tau^2 - \phi_0) \qquad (1-9)$$

则输出的中频信号可表示为复数形式,即

$$\tilde{s}_\mathrm{IF}(t) = A_0 \exp[\mathrm{j}(2\pi K\tau t + 2\pi f_0\tau - \pi K\tau^2 - \phi_0)] \qquad (1-10)$$

对于采用正交检波的雷达系统,可获得式(1-10)表示的中频信号。而对于输出仅为实数的雷达系统,通常仅进行了同相支路的检波,输出为式(1-8)表示的信号。

从式(1-8)和式(1-10)可以看出,当目标距离 R 不同时,中频回波信号的频率($K\cdot\tau$)不同;当目标运动时,在短时间内虽然距离变化不大,即频率($K\cdot\tau$)基本不变,但是其附加相位($2\pi f_0\tau - \pi K\tau^2$)则会产生较为显著的规律性变化,从而为运动目标参数测量提供了理论依据。而目标自身的电磁散射特性则对回波信号的幅度和相位产生直接的影响。

线性调频信号常见于脉冲压缩雷达,接收时采用匹配滤波器(matched filter, MF)进行脉冲压缩处理,能同时提高雷达作用距离和距离分辨率。这种体制采用宽脉冲发射以提高发射的平均功率,保证足够大的作用距离;接收时进行脉冲压缩处理以获得窄脉冲,提高了距离分辨率,较好地解决了雷达作用距离与距离分辨率之间的矛盾。

1.2.4　系统校正

LFMCW 雷达系统受频率调制信号的频率线性稳定性、幅度稳定性、各发射通道间调频斜率一致性、发射信号幅度一致性、各接收通道信号传输与处理的增益一致性、由传输线长度引起的相位延迟一致性、固有系统相位一致性、各通道的实际空间位置与理想位置存在偏差等因素的影响,各天线通道输出信号存在一定的差异。而由于中频混频时的参考信号来自于发射通道,故各发射通道的初始相位差异对于中频回波信号不产生影响。因此,进行实际测量之前,需要获得雷达系统的校正参数,用于消除实际测量数据中的雷达系统误差。

由于现有的小型毫米波雷达器件的频率调制信号的频率线性稳定性、幅度稳定性较好以及天线单元间距较为精确,其对测量结果的影响较小,因此在系统校正时可忽略其影响,主要考虑各发射通道和接收通道间的存在的不一致性(即发射通道调频斜率一致性、发射信号幅度一致性、各接收通道的增益一致性、传输线长度一致性、固有系统相位一致性)。

对于一部包含 p 个发射天线, q 个接收天线的 LFMCW 雷达,假设第 p 个发射天线的调频斜率误差为 δK_p、发射信号幅度误差为 δA_p,第 q 个接收天线信号传输与处理的增益误差为

δG_q、传输线长度误差为 δL_q 以及固有系统相位 $\delta \Phi_q$。距离为 R 的目标,由第 p 个发射天线和第 q 个接收天线构成的收发通道,其回波信号可以表示为

$$s_{\mathrm{IF},pq}(t) = (1+\delta A_p)(1+\delta G_q)\exp\left[\mathrm{j}(2\pi\widetilde{K}\widetilde{\tau}t + 2\pi f_0\widetilde{\tau} - \pi\widetilde{K}\widetilde{\tau}^2 + \delta\Phi_q)\right] \quad (1-11)$$

即

$$s_{\mathrm{IF},pq}(t) = \widetilde{A}_{pq}\exp\left[\mathrm{j}(2\pi\widetilde{K}\widetilde{\tau}t + 2\pi f_0\widetilde{\tau} - \pi\widetilde{K}\widetilde{\tau}^2)\right] \quad (1-12)$$

其中

$$\widetilde{A}_{pq} = (1+\delta A_p)(1+\delta G_q)\exp^{\mathrm{j}\delta\Phi_q} \quad (1-13)$$

略去中频回波信号幅度 $\widetilde{A}_{pq}$ 误差中的发射信号幅度误差和接收信号增益误差的交叉项后,$\widetilde{A}_{pq}$ 可改写为

$$\widetilde{A}_{pq} = (1+\delta\widetilde{G}_{pq})\exp^{\mathrm{j}\delta\Phi_q} \quad (1-14)$$

其中

$$\delta\widetilde{G}_{pq} = \delta A_p + \delta G_q \quad (1-15)$$

而且,式(1-12)中

$$\widetilde{K} = K(1+\delta K) \quad (1-16)$$

$$\widetilde{\tau} = \tau + \frac{\delta L_q}{c} \quad (1-17)$$

从式(1-11)~式(1-15)可以看出,LFMCW 雷达的主要误差表现为以下 3 个方面:

① 由式(1-14)表示的各通道的复幅度不一致性;

② 由式(1-16)表示的各通道的调频斜率不一致性;

③ 由式(1-17)表示的各通道的传输线长度不一致性。

因此,在实际测量中,需要基于雷达系统的校正参数对所测得的数据进行预处理,仅保留传输线长度误差 δL_q 导致的一阶相位误差,则校正后的中频信号可以表示为

$$\widetilde{s}_{\mathrm{IF},pq}(t) = \frac{1}{\widetilde{A}_{pq}}\exp\left[-\mathrm{j}2\pi(f_0 + Kt - K\tau)\frac{\delta L_q}{c}\right]s_{\mathrm{IF},pq}(t) \quad (1-18)$$

即

$$\widetilde{s}_{\mathrm{IF},pq}(t) = \frac{1}{\hat{\widetilde{A}}_{pq}}\exp\left[-\mathrm{j}2\pi(Kt - K\tau)\frac{\delta L_q}{c}\right]s_{\mathrm{IF},pq}(t) \quad (1-19)$$

其中

$$\hat{\widetilde{A}}_{pq} = \widetilde{A}_{pq}\exp\left(\mathrm{j}2\pi f_0\frac{\delta L_q}{c}\right) \quad (1-20)$$

一般来说,LFMCW 雷达的调频时宽 T 要比目标回波时延 τ 大得多。因此,式(1-18)中与目标回波时延 τ 有关的相位校正可以忽略,从而式(1-18)可以进一步表示为

$$\widetilde{s}_{\mathrm{IF},pq}(t) = \frac{1}{\hat{\widetilde{A}}_{pq}}\exp\left(-\mathrm{j}2\pi \cdot \frac{\delta L_q}{c}Kt\right)s_{\mathrm{IF},pq}(t) \quad (1-21)$$

当调频带宽 B 远小于起始频率 f_0 或中心频率 f_c 时,式(1-21)可进一步简化为

$$\widetilde{s}_{\mathrm{IF},pq}(t) = \frac{1}{\hat{\widetilde{A}}_{pq}}s_{\mathrm{IF},pq}(t) \quad (1-22)$$

从而达到消除系统误差的目的,为测量目标参数提供准确数据。

1.2.5 雷达测量

雷达系统的信号形式、收发天线空间分布构型等因素决定了雷达系统对目标进行探测和

测量的能力和用途。在目标空间参数测量中,目标距离、速度和角度是最基本的目标空间参数是探测到的目标在空间中的基本信息。

对于雷达目标测量,可以利用的基本信息为回波信号的幅度和相位。而这两者与多个因素有关,主要包括目标、雷达系统、雷达信号三个方面。

① 就目标而言,其几何结构、尺寸、材质、空间姿态、运动状态等因素会对回波信号产生影响。

② 就雷达系统而言,发射到空间中的电磁波频率、极化方式、频宽、观测方向、天线收发通道空间布局等多个因素对回波信号产生影响。

③ 就雷达信号而言,不同形式的信号具有各自的测量功能和能力。

1.3　雷达实验系统软件

为了系统化、模块化地开展毫米波雷达智能感知实验,开发了雷达实验系统软件,从系统连接、测量需求、参数设置、测量方法等方面理解和掌握雷达系统的工作原理、测量过程及对测量结果的解释分析。

从学生易入门、易接受、易掌握的角度出发,基于 MATLAB 开发的实验系统软件界面(见图 1-8),其包括测距、测速、测角三个基础性实验模块以及人员感知、运动手势识别综合性实验模块。在实验设计中,结合该实验系统软件,可以完成雷达系统构建、测量数据获取、雷达系统测量性能分析、目标信息获取等方面的实验内容。

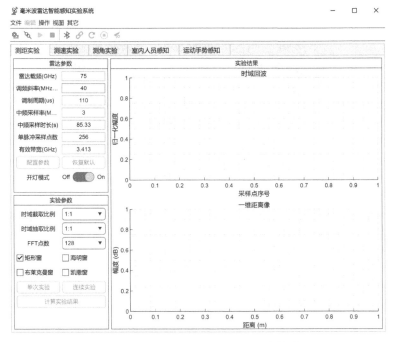

图 1-8　毫米波雷达智能感知实验系统软件界面

基于该实验系统,实验人员可以深入地理解雷达系统的探测过程,将看不见摸不着的雷达信号可以直观地、即时地呈现在眼前。结合实际观测场景,就可以快速建立雷达测量结果与观测场景之间的联系,为理解和解释雷达测量结果提供依据。

第2章 雷达测距实验

2023年6月4日6时33分,"神舟"十五号载人飞船返回舱在东风着陆场成功着陆,"神舟"十五号载人飞行任务取得圆满成功。中国航天科工二院二十三所(北京无线电测量研究所)自主研制生产的两部测量雷达从"神舟"十五号飞船返回舱进入大气层就开始进行接力跟踪测量,向指控中心实时提供准确的目标信息,并为前方搜救人员提供有效的目标落点预报数据,护航返回器平安落地。

这两部雷达主要用于完成各类返回器的跟踪测量任务,一部相控阵体制测量雷达(见图2-0)的核心任务是完成对返回器在黑障区内的跟踪测量,另一部无源定位体制测量雷达的核心任务是完成对返回器从开伞至落地过程的高精度跟踪测量。从2021年"神舟"十二号任务开始,两部雷达已连续四次圆满完成"神舟"系列载人飞船返回舱的回收任务。

图2-0 相控阵体制测量雷达

☞ 实验目的

➤ 理解和掌握雷达测距原理,能够分析雷达最大作用距离、距离分辨率、测量精度、最大不模糊距离以及影响以上这四个物理量的因素。

➤ 理解和掌握雷达最大作用距离、距离分辨率、测量精度、最大不模糊距离和雷达系统参数之间的关系。

➤ 熟练掌握 LFMCW 雷达测距方法。

☞ 实验设备

实验系统包括计算机一台、77 GHz 毫米波雷达系统板一块、USB 转串口模块一块、Micro USB 连接线一根、USB Type-A 数据线一根、三面角反射器两个、直径 10 cm 的金属球 1 个、三脚架三个、激光测距仪一个。

测距实验设备如图 2-1 所示。

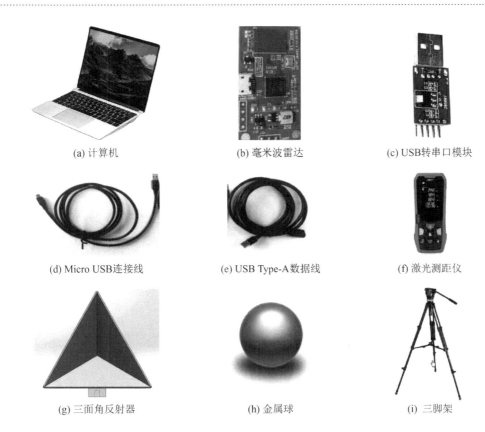

(a) 计算机　　　　　　　(b) 毫米波雷达　　　　　　(c) USB转串口模块

(d) Micro USB连接线　　　(e) USB Type-A数据线　　　(f) 激光测距仪

(g) 三面角反射器　　　　　(h) 金属球　　　　　　　　(i) 三脚架

图 2 - 1　测距实验设备

对于如图 1 - 2 所示的 LFMCW 雷达系统结构,实验中配置的 77 GHz 毫米波雷达系统参数如表 2 - 1 所列。

表 2 - 1　测距雷达系统参数

参　　数	设置值
载频/GHz	77
调频斜率/($\text{MHz} \cdot \mu\text{s}^{-1}$)	98.73
调制周期/μs	40
采样率/MHz	10
单 chirp 有效采样点数	256
有效射频带宽/GHz	2.527 5
距离分辨率/m	0.059 3

目标距离测量是雷达探测的基本功能之一。基于数字信号处理课程中的采样定理、离散时间傅里叶变换、快速傅里叶变换、窗函数等基础理论,依据雷达系统原理,开展了径向距离分辨率、测距精度、最大不模糊距离、雷达最大作用距离等基础实验,涉及的知识内容如图 2 - 2 所示。

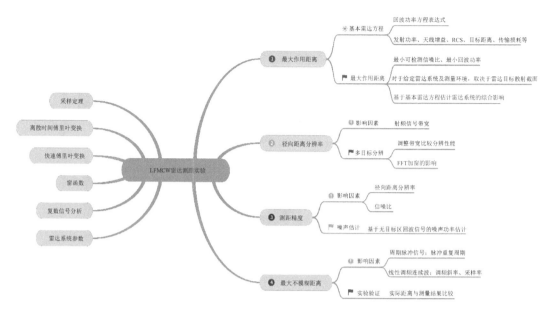

图 2-2　雷达测距知识图谱

2.1　LFMCW雷达测距原理及方法

对于幅度为 A_t，线性调频起始频率为 f_0，连续调频斜率为 K 的LFMCW雷达发射信号，可以表示为

$$s_t(t) = A_t \sin(2\pi f_0 t + \pi K t^2) \tag{2-1}$$

则到雷达的距离为 d 的目标，其回波信号为

$$s_r(t) = A_r \sin\left[2\pi f_0(t-\tau) + \pi K(t-\tau)^2\right] \tag{2-2}$$

式中，$\tau = 2d/c$ 为信号延迟时间，c 为光速。

发射信号和回波信号经过混频器后的输出为

$$s_{mix}(t) = s_r(t) \cdot s_t(t) \tag{2-3}$$

对 $s_{mix}(t)$ 进行低通滤波，忽略信号幅度的变化，得到中频信号，即

$$s_{IF}(t) = \cos(2\pi K\tau t + 2\pi f_0\tau - \pi K\tau^2) =$$
$$\cos(2\pi f_{IF}t + 2\pi f_0\tau - \pi K\tau^2) \tag{2-4}$$

式中，$f_{IF} = K\tau$。

实验中对中频信号做FFT得到其峰值频率 f_{IF}，由中频信号频率公式可以计算目标到雷达的距离 d，即

$$d = \frac{c\tau}{2} = \frac{cf_{IF}}{2K} \tag{2-5}$$

假设中频信号 $s_{IF}(t)$ 采样率为 f_s，离散傅里叶变换点数为 N，则第 k 个谱线表示的频率为

$$f_{IF,k} = \frac{f_s}{N} \cdot k \tag{2-6}$$

从而,该谱线对应的距离为

$$d_k = \frac{c}{2K} \cdot f_{\mathrm{IF}} = \frac{c}{2K} \cdot \frac{f_s}{N} \cdot k \qquad (2-7)$$

综上,可通过测量回波信号对应的频谱峰值位置实现目标距离的测量。测距实现流程如图 2-3 所示。各阶段的信号波形如图 2-4 所示。

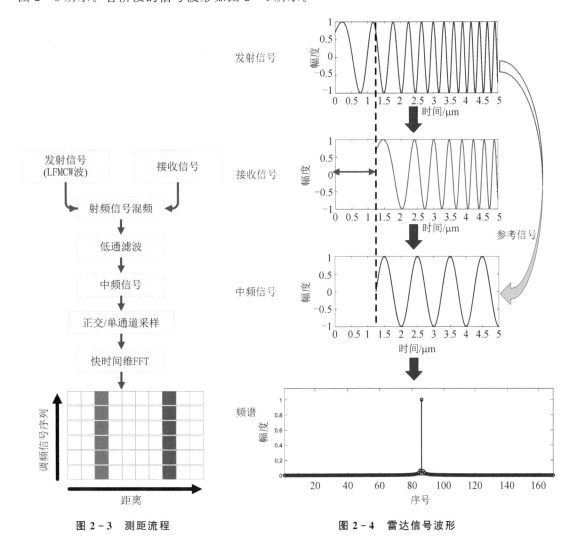

图 2-3　测距流程　　　　　　　　　　图 2-4　雷达信号波形

2.2　距离分辨率实验

1. 实验目的

① 理解和掌握雷达测距原理,能够分析影响距离分辨率的因素。

② 理解和掌握距离分辨率和雷达信号参数的关系。

2. 实验原理

对于 LFMCW 雷达测距,根据图 2-5 给出的中频信号时频变换结果,依据瑞利分辨准则

可知,LFMCW 雷达中频回波信号的频率分辨率 $\delta_{f_{IF}}$ 取决于调频周期 T,即

$$\delta_{f_{IF}} = \frac{1}{T} \tag{2-8}$$

从而可得距离分辨率 δ_R,即

$$\delta_R = \frac{c}{2K}\delta_{f_{IF}} = \frac{c}{2KT} = \frac{c}{2B} \tag{2-9}$$

式中,B 为发射信号调频带宽。

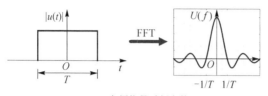

(a) 中频信号时频变换   (b) 中频信号的频谱分辨率

图 2-5　中频信号频谱

在 FFT 计算中,窗函数可以减小频谱泄漏,从而降低了旁瓣幅度。但同时增加了主瓣宽度,这在一定程度上降低了分辨率。

采用窗函数 $w[n]$ 对时域采样信号 $x[n]$ 进行加窗(见图 2-6),表示为

$$v[n] = x[n] \cdot w[n] \tag{2-10}$$

对应的频域采样可以表示为

$$V(k) = V(e^{j\omega}) \big|_{\omega = \frac{2\pi k}{N}} = X(e^{j\omega}) \bigotimes W(e^{j\omega}) \tag{2-11}$$

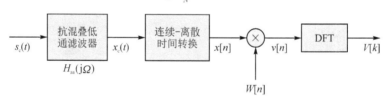

图 2-6　加窗处理

窗函数主瓣影响如下:

① 频谱展宽;

② 分辨率降低;

③ 矩形窗函数主瓣宽度为:$4\pi/(M+1) = 0.125\pi$　（$M=31$）。

窗函数旁瓣影响:

① 减少频谱泄露(一个频率处的分量频率泄漏到其他频率分量中);

② 矩形窗旁瓣,最大旁瓣幅度-13 dB,最大逼近误差-21 dB;

对于不同的窗函数,如矩形窗、汉宁窗、海明窗、凯撒窗等,具有各自的主瓣宽度和旁瓣抑制性能。

3. 预习测验

① 雷达距离分辨率理论计算。已知雷达系统带宽 B 为 2.527 5 GHz,用该雷达进行测距时,其距离分辨率为_____ m。

② 若要提高距离分辨率优于 0.02 m,则雷达系统射频带宽应至少为_____ Hz。

4. 实验内容

① 单目标场景中,根据选择的射频带宽、FFT 处理窗函数测量主瓣宽度。

② 两目标场景中,根据选择的射频带宽、FFT 处理窗函数测量目标距离。

5. 实验步骤

(1)搭建实验场景

安装并连接好雷达测量系统,其中雷达面板与地面垂直,并将一个三面角反射器放置在雷达视线前方 2 m 处。

(2)设置雷达系统初始参数

按照表 2-1 所列参数设置并确认雷达系统初始参数。

(3)实验测量

① 对于单目标场景,进行一次距离测量,得到 256 个时域采样点数据,记录原始雷达回波的时域波形。

② 对于单目标场景测量得到的时域数据,选择截取比例为 1:1,窗函数为矩形窗,进行 FFT 处理得到 HRRP 曲线。记录 HRRP 曲线,测量目标所在位置的主瓣 3 dB 宽度。

③ 对于单目标场景测量得到的时域数据,选择截取比例为 1:1,窗函数为海明窗,进行 FFT 处理得到 HRRP 曲线。记录 HRRP 曲线,测量目标所在位置的主瓣 3 dB 宽度。

④ 对于单目标场景测量得到的时域数据,选择截取比例为 1:1,窗函数为凯撒窗,进行 FFT 处理得到 HRRP 曲线。记录 HRRP 曲线,测量目标所在位置的主瓣 3 dB 宽度。

⑤ 对于单目标场景测量得到的时域数据,选择截取比例为 1:2,窗函数为矩形窗,进行 FFT 处理得到 HRRP 曲线。记录 HRRP 曲线,测量目标所在位置的主瓣 3 dB 宽度。

⑥ 对于单目标场景测量得到的时域数据,选择截取比例为 1:4,窗函数为矩形窗,进行 FFT 处理得到 HRRP 曲线。记录 HRRP 曲线,测量目标所在位置的主瓣 3 dB 宽度。

⑦ 将单目标场景测量的数据与数据长度和窗函数组合对应的 3 dB 宽度数据记录在表 2-2 中。

表 2-2　距离分辨率实验数据记录表 A

记录内容			测量结果
三面角反射器到雷达距离/m			
时域截取比例	数据长度	窗函数	目标主瓣 3 dB 宽度/m
1:1	256	矩形窗	
1:1	256	海明窗	
1:1	256	凯撒窗	
1:2	128	矩形窗	
1:4	64	矩形窗	

⑧ 在三面角反射器附近放置金属球,其中,金属球到雷达的距离为 2.10 m。两个目标到雷达的距离差 $\Delta R = 0.1$ m。三面角和金属球的空间位置如图 2-7 所示。

⑨ 对于双目标场景,进行一次距离测量,得到 256 个时域采样点数据,记录原始雷达回波的时域波形。

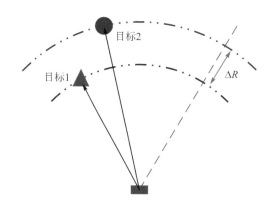

图 2 - 7　测距分辨率实验两目标空间位置

⑩ 对于双目标场景测量得到的时域数据,选择截取比例为 1∶1,窗函数为矩形窗,进行 FFT 处理得到 HRRP 曲线。记录 HRRP 曲线,观察 HRRP 中目标的个数,并测量相应目标距离。

⑪ 对于双目标场景测量得到的时域数据,选择截取比例为 1∶1,窗函数为海明窗,进行 FFT 处理得到 HRRP 曲线。记录 HRRP 曲线,观察 HRRP 中目标的个数,并测量相应目标距离。

⑫ 对于双目标场景测量得到的时域数据,选择截取比例为 1∶2,窗函数为海明窗,进行 FFT 处理得到 HRRP 曲线。记录 HRRP 曲线,观察 HRRP 中目标的个数,并测量相应目标距离。

⑬ 对于双目标场景测量得到的时域数据,选择截取比例为 1∶4,窗函数为海明窗,进行 FFT 处理得到 HRRP 曲线。记录 HRRP 曲线,观察 HRRP 中目标的个数,并测量相应目标距离。

⑭ 将双目标场景测量的数据与数据长度和窗函数组合对应的目标 1 和目标 2 的距离测量结果记录在表 2 - 3 中。

表 2 - 3　距离分辨率实验数据记录表 B

记录内容			测量结果	
三面角反射器到雷达距离/m				
金属球到雷达距离/m				
截取比例	数据长度	窗函数	目标 1 距离/m	目标 2 距离/m（若可分辨）
1∶1	256	矩形窗		
1∶1	256	海明窗		
1∶2	128	海明窗		
1∶4	64	海明窗		

(4)实验思考

① 雷达距离分辨率取决于哪些因素?对于 LFMCW 雷达,如何提高距离分辨能力?

② 从理论关系可以看出,距离分辨率仅取决于雷达发射信号带宽。试分析当雷达带宽为 375 MHz 时,下述两个场景观测结果的差异。

(a)两个径向上距离间隔为 40 cm,直径均为 20 cm 的金属球;

(b)两个径向上距离间隔为 40 cm,直径分别为 10 cm 和 20 cm 的金属球。

6. 实验讨论

当两个目标的径向距离等于距离分辨率,但其 RCS 存在 20 dB 的差异时,两个目标是否能够区分出来? 若能够区分,简述处理方法;若不能区分,简述理由。

7. 实验报告

按照实验内容总结本次实验。根据实验原理和实验测量记录,分析并解释实验现象。

2.3　测距精度实验

1. 实验目的

① 理解和掌握雷达测距原理,能够分析影响测距精度的因素。

② 理解和掌握测距精度和雷达信号参数的关系。

2. 实验原理

对于 LFMCW 雷达,中频信号信噪比 SNR 可表示为

$$\mathrm{SNR} = \frac{S}{N} = \frac{E/\tau}{N_0 B_{\mathrm{IF}}} = \frac{E f_s}{N_0 B_{\mathrm{IF}} N_s} \qquad (2-12)$$

其中,S 为信号功率;N 为噪声功率;E 为有限观测时长 τ 内的回波信号能量;N_0 为高斯白噪声的功率谱密度;B_{IF} 为中频带宽;f_s 为采样频率;N_s 为采样点数,且 $N_s = f_s \tau$。

经脉冲压缩后,对于目标所在的距离单元,信噪比 $\mathrm{SNR}_{\mathrm{obj}}$ 提升为

$$\mathrm{SNR}_{\mathrm{obj}} = \mathrm{SNR} \cdot N_s \qquad (2-13)$$

可以看出,对于给定目标,在有限信号持续的时间内,适当提升采样频率,增加采样点数,有助于提升脉冲压缩后目标距离单元的信噪比。或者,在采样频率保持不变的条件下,延长目标观测时间,同样可以提升目标区域的信噪比。

根据雷达系统尺度测量的误差分析可知,LFMCW 雷达的测距精度取决于雷达发射信号频率带宽 B 与目标回波信噪比 SNR,可表示为

$$\delta R = \frac{\sqrt{3}}{\pi \sqrt{2 \cdot \mathrm{SNR}}} \cdot \frac{c}{2B} \qquad (2-14)$$

式中,$\delta_r = \dfrac{c}{2B}$ 为雷达测距分辨率;回波信噪比 SNR 与雷达系统参数、目标距离以及目标 RCS 有关,可表示为

$$\mathrm{SNR} = \frac{P_t G_t G_r \lambda^2 \sigma}{(4\pi)^3 R^4 k T_e B F L} \qquad (2-15)$$

式中,P_t 为雷达发射功率;G_t 为发射天线增益;G_r 为接收天线增益;λ 为射频信号波长;σ 为目标雷达散射截面;R 为目标到雷达的距离;k 为玻尔兹曼常数;T_e 为系统的等效噪声温度,单位为 K;B 为接收机中频带宽;F 为接收机噪声系数;L 为传输路径损耗。

受到雷达系统和环境因素的影响,式(2-15)表示的信噪比难以准确地通过理论计算获得。在实际测量过程中,可以通过目标所在距离单元的回波能量 $\hat{E}$ 和噪声功率谱密度 N_0 来得到信噪比,即

$$\mathrm{SNR}_{\mathrm{obj}} = \frac{\hat{E}}{N_0} \qquad (2-16)$$

对于 LFMCW 雷达系统,目标距离是基于一维距离像来测量的。一维距离像中,目标位置处的回波较强;而无目标的其他距离区域,一维距离像主要为噪声和由目标支撑区域泄露的信号。当噪声功率谱密度较大时,可导致目标距离测量结果产生较大的误差。因此,噪声功率密度可以由临近目标支撑区间的非目标区域来获得。

对于 LFMCW 雷达,目标回波信号离散时间采样可通过傅里叶变换得到,即一维距离像复数据 $V[k]$,则从实测数据估计的噪声功率谱密度 N_{measured} 可以表示为

$$N_{\text{measured}} = \frac{1}{\breve{K}} \sum_{k \notin D} |V[k]|^2 \tag{2-17}$$

式中,D 为目标所在的距离区域;$\breve{K}$ 为估计噪声功率谱密度所采用的非目标区域的距离单元总数。

进而,结合目标所在距离单元 k_0 的信号能量 $E_{\text{measured}} = |V[k]|^2_{k=k_0}$,即可得到目标所在距离单元的信噪比估计值 $\widehat{\text{SNR}}$,即

$$\widehat{\text{SNR}} = \frac{E_{\text{measured}}}{N_{\text{measured}}} \tag{2-18}$$

从而,由式(2-14)即可估计测距精度。

在实际测量中,为了得到雷达系统对某处目标的测距精度参数,也可以对距离测量结果采用统计学方法估算测距精度。具体方法为,对某处目标进行多次测量,得到 M 次测量的距离结果 $r[m]$($m=1,2,3,\cdots,M$),并计算 M 次结果的均值 $\bar{r}$ 及标准差 σ_r,则标准差 σ_r 即为由实际测量结果估算的测距精度。

因此,实验中可以通过改变 SNR 和 δ_r 来比较不同条件下的测速精度。

3. 预习测验

已知目标 RCS 为 $0.007\,9$ m^2,位于 2 m 处,雷达带宽为 $2.527\,5$ GHz,回波信噪比为 20 dB,根据测距精度公式可计算出理论上的雷达测距精度为_____ m。

4. 实验内容

① 对于同一被测目标,测量并比较不同射频带宽对测距精度的影响。

② 对于不同被测目标,测量并比较不同射频带宽对测距精度的影响。

5. 实验步骤

(1)搭建实验场景

安装并连接好雷达测量系统,其中雷达面板与地面垂直,并将一个三面角反射器放置在雷达视线前方 2 m 处。

(2)设置雷达系统初始参数

按照表 2-1 所列参数设置并确认雷达系统初始参数。

(3)实验测量

① 用激光测距仪测量三面角反射器到雷达距离,记录结果。

② 对于三面角反射器,进行一次测量,得到 256 个采样点的时域数据,记录原始雷达回波的时域波形。

③ 对测量得到的时域数据,选择截取比例为 1:1,窗函数为海明窗,进行 FFT 处理得到 HRRP 曲线,并记录 HRRP 曲线。

④ 获取目标信号所在单元的能量、噪声功率谱密度,并按照计算测距精度的原理,根据式(2-17)和式(2-18)计算目标所在距离单元的信噪比,进而根据式(2-14)计算得到第一次全带宽测量的测距精度。

⑤ 对测量得到的时域采样数据,选择截取比例为 1:2,对应射频带宽为原来的一半,选择窗函数为海明窗,进行 FFT 处理得到 HRRP 曲线,并记录 HRRP 曲线。

⑥ 将步骤⑤得到的 HRRP,按照步骤④的方法计算测距精度,得到第一次带宽减半测量的测距精度。

⑦ 重复步骤②~⑥两次,分别完成第二次和第三次测量。

⑧ 将步骤①~步骤⑦的测量结果汇总填入表 2-4 中。

表 2-4 目标 1 测距精度实验数据记录表

记录内容		测量结果			
雷达射频带宽/GHz					
距离分辨率/m					
三面角反射器距离/m					
次　序		目标所在距离单元能量/J	噪声功率谱密度/(W·Hz^{-1})	信噪比	测距精度/m
第一次测量	全带宽				
	半带宽				
第二次测量	全带宽				
	半带宽				
第三次测量	全带宽				
	半带宽				

⑨ 将步骤①中的三面角反射器替换为半径为 10 cm 的金属球,重复执行上述步骤①~步骤⑦的测量过程,并将测量结果汇总填入表 2-5 中。

表 2-5 目标 2 测距精度实验数据记录表

记录内容		测量结果			
雷达射频带宽/GHz					
距离分辨率/m					
金属球距离/m					
次　序		目标所在距离单元能量/J	噪声功率谱密度/(W·Hz^{-1})	信噪比	测距精度/m
第一次测量	全带宽				
	半带宽				
第二次测量	全带宽				
	半带宽				
第三次测量	全带宽				
	半带宽				

（4）实验思考

① 对于实验中的三面角反射器，当目标距离增加到 2 倍时，雷达测距精度为 _____ m。

② 雷达测距精度取决于哪些因素？如何提高雷达测距精度？

6. 实验讨论

由测距精度与测距分辨率的理论关系可知，随着信噪比降低，测距精度将下降。请分析信噪比较低时测距误差超出测距分辨率的现象。

7. 实验报告

按照实验内容总结本次实验。根据实验原理和实验测量记录，分析并解释实验现象。

2.4 最大不模糊距离实验

1. 实验目的

① 理解和掌握雷达测距原理，能够分析影响最大不模糊距离的因素。

② 理解和掌握最大不模糊距离和雷达信号参数的关系。

2. 实验原理

由雷达原理可知，若采用单个周期信号进行目标距离测量，只要发射信号功率足够大，无论目标距离多远，都可以准确地测量得到目标距离。但是对于周期脉冲信号和 LFMCW 雷达信号，由雷达目标距离测量原理可知，其直接测量的目标距离范围受到一定的制约。

对于周期脉冲信号，当目标距离较远时，获得的周期性的回波信号无法与周期性连续发射的脉冲信号一一对应（见图 2-8），产生模糊现象，从而不能准确地确定目标的实际距离。

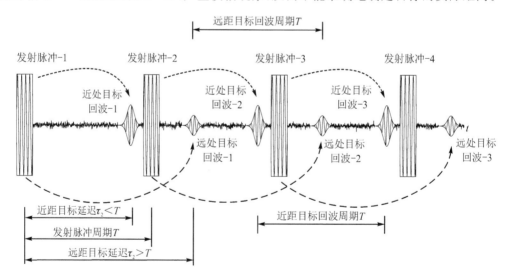

图 2-8　周期脉冲回波

在 LFMCW 雷达测距中，虽然发射的 LFM 信号具有周期性，但限制目标距离准确测量的因素则是雷达系统的中频带宽。在雷达系统设计中，中频带宽 B_{IF} 是设定的，为了确保采样获得的信号不产生混叠，LFMCW 雷达接收机中的连续中频信号需经过抗混叠滤波器进行滤波，采用相适应的采样频率 f_s 可获得离散时间回波信号。对于距离较远的目标，回波信号延时较大,与参考信号混频后获得的中频信号频率较大,超出了中频带宽,不能通过抗混叠滤波器,从而使输出的雷达回波采样信号中不包含远距离目标的回波信号。但是,当采样频率 f_s 较低时,已经通过抗混叠滤波器的较远距离目标回波信号,由于采样频率不满足较高频率回波信号的采样要求,使得较远距离目标的较高频率中频信号与较近距离目标的较低频率中频信号产生混叠,从而使得较远距离目标的距离测量结果与较近目标的距离测量结果无法区分,产生模糊现象。其原理如图 2-9 所示。

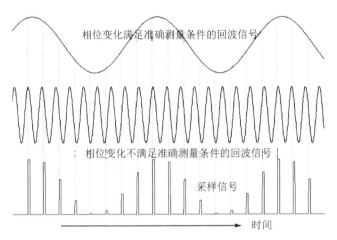

图 2-9　距离模糊原理

相应地,雷达系统测速的最大不模糊速度间隔为

$$v_{u,\max} = \frac{\lambda}{2T_c} \qquad (2-19)$$

因此,在测量场景中,仅存在同向运动的目标时,最大不模糊速度范围为 $[0, v_{\max})$ 或 $(-v_{\max}, 0]$,具体取决于目标相对于雷达的运动方向。

对于中频输出信号为实数的雷达系统,由傅里叶变换可知,其运动目标信号的频谱在零频两侧对称呈现,增加了确定速度方向的难度。因此,在实际雷达测速中,通常采用的是系统输出正交的复数中频信号。

综上,由 LFMCW 雷达测距原理可知,当采样频率为 f_s 时,若雷达系统为单路采样,即输出为实数信号,则受采样定理制约的中频信号最大频率 $f_{\mathrm{IFr,max}}$ 为

$$f_{\mathrm{IFr,max}} = \frac{f_s}{2} \qquad (2-20)$$

从而,该频谱对应的最大不模糊距离为

$$d_{um,\max} = \frac{c}{2K} \cdot \frac{f_s}{2} = \frac{cf_s}{4K} \qquad (2-21)$$

若雷达系统为正交采样,即输出为复数信号,则受采样定理制约的中频信号最大频率 $f_{\mathrm{IFc,max}}$ 为

$$f_{\mathrm{IFc,max}} = f_s \qquad (2-22)$$

从而,该频谱对应的最大不模糊距离为

$$d_{um,\max} = \frac{c}{2K} \cdot f_s = \frac{cf_s}{2K} \qquad (2-23)$$

因此,由式(2-21)和式(2-23)可知,LFMCW 雷达测距的最大不模糊距离取决于调频斜率 K 和采样率 f_s。

3. 预习测验

已知雷达系统的调频斜率为 79 MHz/μs,采样率为 10 MHz,正交采样输出,根据最大不模糊距离公式可计算出理论上的雷达最大不模糊距离为_____ m;若输出中频信号为实数,则雷达最大不模糊距离为_____ m。

4. 实验内容

① 设置雷达系统参数,测量并分析不同采样率对应的最大不模糊距离。

② 设置雷达系统参数,测量并分析不同调频斜率对应的最大不模糊距离。

5. 实验步骤

(1)搭建实验场景

安装并连接好雷达测量系统,其中雷达面板与地面垂直,并将一个三面角反射器放置在雷达视线前方 1 m 处。

(2)设置雷达系统初始参数

按照表 2-1 所列参数设置并确认雷达系统初始参数。计算雷达系统初始最大不模糊距离为_____ m。

(3)实验测量

① 用激光测距仪测量三面角反射器到雷达距离,记录结果。

② 对于三面角反射器,进行一次测量,得到 256 个采样点的时域数据,记录原始雷达回波的时域波形。

③ 对测量得到的时域数据,选择抽取比例为 1∶1,窗函数为海明窗,进行 FFT 处理得到 HRRP 曲线,并根据 HRRP 横坐标径向距离与原始数据参数的关系,从 HRRP 中确定目标峰值位置对应的径向距离。记录 HRRP 曲线和目标距离测量结果。

④ 对测量得到的时域数据,选择抽取比例为 1∶2,窗函数为海明窗,进行 FFT 处理得到 HRRP 曲线,并从 HRRP 中确定目标峰值位置对应的径向距离。记录 HRRP 曲线和目标距离测量结果。

⑤ 对测量得到的时域数据,选择抽取比例为 1∶4,窗函数为海明窗,进行 FFT 处理得到 HRRP 曲线,并从 HRRP 中确定目标峰值位置对应的径向距离。记录 HRRP 曲线和目标距离测量结果。

⑥ 计算各组参数对应的最大不模糊距离,并将步骤③～步骤⑤的三组测量结果汇总记录在表 2-6 中。

⑦ 设置调频斜率为原来的 3/4,进行一次测量,得到 256 个采样点的时域数据。对测量得到的时域数据,选择抽取比例为 1∶1,窗函数为海明窗,进行 FFT 处理得到 HRRP 曲线,从 HRRP 中确定目标峰值位置对应的径向距离。记录原始雷达回波的时域波形、HRRP 曲线和目标距离测量结果。

⑧ 设置调频斜率为原来的 1/2,进行一次测量,得到 256 个采样点的时域数据。对测量得到的时域数据,选择抽取比例为 1∶1,窗函数为海明窗,进行 FFT 处理得到 HRRP 曲线,从 HRRP 中确定目标峰值位置对应的径向距离。记录原始雷达回波的时域波形、HRRP 曲线和目标距离测量结果。

⑨ 设置调频斜率为原来的 1/4,进行一次测量,得到 256 个采样点的时域数据。对测量得到的时域数据,选择抽取比例为 1∶1,窗函数为海明窗,进行 FFT 处理得到 HRRP 曲线,从 HRRP 中确定目标峰值位置对应的径向距离。记录原始雷达回波的时域波形、HRRP 曲线和目标距离测量结果。

表 2-6　最大不模糊距离实验数据记录表 A

序　号	1	2	3
调频斜率/(MHz · μs^{-1})			
原始采样率/MHz			
原始采样点数			
雷达射频带宽/GHz			
抽取比例	1∶1	1∶2	1∶4
抽取点数			
最大不模糊距离/m			
目标实际距离/m			
测量距离/m			

⑩ 计算各组参数对应的最大不模糊距离,并将步骤⑦~步骤⑨的三组测量结果汇总记录在表 2-7 中。

表 2-7　最大不模糊距离实验数据记录表 B

序　号	4	5	6
与初始调频斜率比例	3/4	1/2	1/4
调频斜率/(MHz · μs^{-1})			
初始采样率/MHz			
原始采样点数			
雷达射频带宽/GHz			
径向距离分辨率/m			
采样点抽取比例	1∶1	1∶1	1∶1
抽取采样点数			
最大不模糊距离/m			
目标实际距离/m			
测量距离/m			

(4) 实验思考

① 当 FMCW 雷达系统带宽不变,调频斜率增加到原来的 2 倍时,雷达最大不模糊距离变为原来的_____倍。

② 雷达最大不模糊距离取决于哪些因素?当目标距离超出雷达系统当前最大不模糊距离时该如何处理?

6. 实验讨论

雷达测距时存在最大不模糊距离的本质原因是什么？可以采取哪些措施增加最大不模糊距离？最大不模糊距离对雷达目标探测有哪些影响？

7. 实验报告

按照实验内容总结本次实验。根据实验原理和实验测量记录，分析并解释实验现象。

2.5　雷达最大作用距离实验

1. 实验目的

① 理解和掌握雷达测距原理，能够分析影响雷达最大作用距离的因素。

② 理解和掌握雷达最大作用距离和雷达系统参数的关系。

2. 实验原理

雷达最大作用距离是雷达在无干扰条件下以规定方式扫描时，在天线波瓣最大增益方向上的探测距离。雷达的最大作用距离反映了雷达的探测能力，是衡量雷达探测、跟踪能力的重要性能参数之一。

对于给定的目标，要求目标回波的信噪比大于最小可检测信噪比 SNR_{min}，则根据雷达方程

$$P_r = \frac{P_t G_t G_r \lambda^2 \sigma}{(4\pi)^3 R^4 L} \tag{2-24}$$

可得理论上计算最大作用距离的表达式：

$$R_{max} = \left[\frac{P_t G_t G_r \lambda^2 \sigma}{(4\pi)^3 \cdot SNR_{min} N \cdot L} \right]^{1/4} \tag{2-25}$$

式中，P_t 为雷达发射功率；G_t 为发射天线增益；G_r 为接收天线增益；λ 为发射信号波长；σ 为目标 RCS；L 为系统损耗；N 为系统噪声功率，可由公式 $N = kT_e BF$ 计算；k 为玻尔兹曼常数；T_e 为雷达系统等效噪声温度，F 为链路噪声系数。

若雷达接收机的灵敏度 S_{min}

$$S_{min} = N = kT_e BF \tag{2-26}$$

代入最大作用距离方程中，则可表示为

$$R_{max} = \left[\frac{P_t G_t G_r \lambda^2 \sigma}{(4\pi)^3 \cdot SNR_{min} S_{min} \cdot L} \right]^{1/4} \tag{2-27}$$

对于雷达散射截面为 σ 的目标，可由测量数据计算目标的回波信号功率

$$P_{r,measured} = \frac{P_t G_t G_r \lambda^2 \sigma}{(4\pi)^3 R_{real}^4 L} \tag{2-28}$$

从而得到雷达系统的最大作用距离为

$$\widetilde{R}_{max} = \left[\frac{P_{r,measured} R_{real}^4}{SNR_{min} N} \right]^{1/4} \tag{2-29}$$

由

$$\lg P_{r,measured} = \lg \frac{P_t G_t G_r \lambda^2 \sigma}{(4\pi)^3 L} - \lg R_{real}^4 \tag{2-30}$$

可知，通过改变目标距离，进行多次测量，由线性函数参数估计得到雷达系统与目标的综合参

数 $\Pi = \lg \dfrac{P_{t}G_{t}G_{r}\lambda^{2}\sigma}{(4\pi)^{3}L}$ 的测量值,从而在最小可检测信噪比 SNR_{min} 或最小回波功率 $P_{r,min}$ 约束下得到雷达最大作用距离。

综上可知,影响雷达最大作用距离的主要因素如下:雷达向空间发射的射频功率、接收机的灵敏度、天线的有效面积、工作频率以及选定目标的截面积和最小可检测信噪比,或者与其对应的目标发现概率和虚警概率等。

当目标距离超出雷达系统的最大不模糊距离时,虽然不能直接地确定目标真实距离 R_{real},但是只要目标仍处在雷达的最大作用距离范围内,就可从一维距离像中发现该目标,而且距离模糊后目标所在的距离单元 $R_{measured}$ 与目标的真实距离 R_{real} 间存在规律性差异,即

$$R_{real} = R_{measured} + Z \cdot d_{um,max} \qquad (2-31)$$

其中,Z 为距离模糊周期数,且 $Z = 0, 1, 2, \cdots$。当 $Z = 0$ 时,目标在最大不模糊距离范围内,不存在距离模糊。

在实验中,可通过实际测量知道目标实际距离,进而可以确定目标距离模糊周期数。

3. 预习测验

① 已知雷达视线方向上发射功率 $P_{t}G_{t} = 30$ dB·mW、接收天线增益 G_{r} 为 10 dBi,中心频率为 77 GHz,系统射频带宽为 2.527 5 GHz,中频带宽 B_{IF} 为 10 MHz,目标 RCS 为 0.8 m^{2},雷达系统等效噪声温度 T_{e} 为 300 K,噪声系数 F 为 14 dB。假定传输损耗 $L = 6$ dB,若要求 $SNR_{min} = 13$ dB,则根据雷达方程计算出理论上的雷达作用距离为_____ m。

② 当发射功率增加为原来的 16 倍时,雷达最大作用距离变为原来的_____倍。

③ 当目标 RCS 减小为原来的 1/4 时,雷达最大作用距离变为原来的_____倍。

4. 实验内容

① 根据雷达作用距离原理,测量并对比分析不同射频带宽对雷达最大作用距离的影响。

② 对于同一雷达系统参数设置,测量并分析对于不同待测目标雷达最大作用距离的差异。

5. 实验步骤

(1)搭建实验场景

安装并连接好雷达测量系统,其中雷达面板与地面垂直,并将一个三面角反射器放置在雷达视线前方。

(2)设置雷达系统初始参数

按照表 2-1 所列参数设置并确认雷达系统初始参数,并将实际配置记录在表 2-8 中。

表 2-8 最大作用距离实验雷达系统参数记录表

序 号	记录内容	数 值
1	调频斜率/(Hz·s^{-1})	
2	采样率/MHz	
3	原始采样点数	
4	雷达系统带宽/GHz	
5	最小可检测信噪比/dB	

(3)实验测量

① 将三面角反射器放置在雷达视线前方 0.5 m 处,进行一次测量,得到 256 个采样点的

时域数据,记录原始雷达回波的时域波形。

② 对步骤①中测量得到的时域数据,选择截取比例为1:1,进行 FFT 处理得到 HRRP 曲线,从 HRRP 中确定目标峰值位置对应的径向距离。根据实验原理所述方法获取并记录 HR-RP 曲线、目标距离、目标所在距离单元峰值幅度、目标区域外的噪声功率谱密度。

③ 对于步骤①中测量得到的时域数据,选择截取比例为1:2,进行 FFT 处理得到 HRRP 曲线。获取并记录 HRRP 曲线、目标距离、目标所在距离单元峰值幅度、目标区域外的噪声功率谱密度。

④ 将三面角反射器分别放置在雷达视线前方 0.6 m,0.8 m,1.0 m,1.5 m,2.0 m,3.0 m,4.0 m 距离处,各进行一次测量,记录原始雷达回波的时域波形。采用与步骤②和③相同的方法,获取并记录 HRRP 曲线、目标距离、目标所在距离单元峰值幅度、目标区域外的噪声功率谱密度。

⑤ 将步骤①~步骤④中时域数据截取比例为1:1时获得的目标距离为0.5~4.0 m的测量结果汇总后填入表 2-9 中,并计算雷达系统对于该三面角反射器的最大作用距离。

表 2-9 三面角反射器时域数据截取比例 1:1 时测量及计算结果

序 号	时域数据截取比例	测量次数							
	1:1	1	2	3	4	5	6	7	8
1	激光测距仪测量目标到雷达距离/m								
2	一维距离像距离/m								
3	目标距离单元峰值幅度/dBW								
4	噪声功率谱密度/(dBW·Hz^{-1})								
5	雷达系统与目标的综合参数 $\Pi = \lg \dfrac{P_t G_t G_r \lambda^2 \sigma}{(4\pi)^3 L}$								
6	根据最大作用距离计算公式计算出最大作用距离/m								

⑥ 将步骤①~④中时域数据截取比例为1:2,即改变雷达系统射频带宽为原来一半时的测量结果汇总后填入表 2-10 中,并计算雷达系统对于该三面角反射器的最大作用距离。

表 2-10 三面角反射器时域数据截取比例 1:2 时测量及计算结果

序 号	时域数据截取比例	测量次数							
	1:1	1	2	3	4	5	6	7	8
1	激光测距仪测量目标到雷达距离/m								
2	一维距离像距离/m								
3	目标距离单元峰值幅度/dBW								
4	噪声功率谱密度/(dBW·Hz^{-1})								
5	雷达系统与目标的综合参数 $\Pi = \lg \dfrac{P_t G_t G_r \lambda^2 \sigma}{(4\pi)^3 L}$								
6	根据最大作用距离计算公式计算出最大作用距离/m								

⑦ 将三面角反射器更换为半径为 10 cm 的金属球,分别放置在雷达视线前方 0.5 m, 0.6 m,0.8 m,1.0 m,1.5 m,2.0 m,3.0 m,4.0 m 距离处,各进行一次测量,记录原始雷达回波的时域波形。采用与步骤②相同的方法,获取并记录 HRRP 曲线、目标距离、目标所在距离单元峰值幅度、目标区域外的噪声功率谱密度。并将测量结果填入表 2 – 11 中。

表 2 – 11 金属球时域数据截取比例 1∶1时测量及计算结果

序 号	时域数据截取比例	测量次数							
	1∶1	1	2	3	4	5	6	7	8
1	激光测距仪测量目标到雷达距离/m								
2	一维距离像距离/m								
3	目标距离单元峰值幅度/dBW								
4	噪声功率谱密度/(dBW·Hz^{-1})								
5	雷达系统与目标的综合参数 $\Pi = \lg \dfrac{P_t G_t G_r \lambda^2 \sigma}{(4\pi)^3 L}$								
6	根据最大作用距离计算公式计算出最大作用距离/m								

(4) 实验思考

① 雷达作用距离取决于哪些因素?如何提高雷达作用距离?简述理由。

② 雷达最大作用距离与最大不模糊距离的区别是什么?两者分别与哪些因素有关?

6. 实验讨论

通过查阅文献资料,试分析在雷达系统设计中,可以采用哪些技术手段提升雷达系统对于低雷达散射截面目标的最大作用距离?

7. 实验报告

按照实验内容总结本次实验。根据实验原理和实验测量记录,分析并解释实验现象。

第3章 雷达测速实验

  2022年4月16日,"神舟"十三号载人飞船返回舱在位于内蒙古巴丹吉林沙漠和戈壁带的"东风"着陆场预定区域安全着陆,"神舟"十三号载人飞行任务取得圆满成功。中国航天科工集团二院二十三所(北京无线电测量研究所)研制的LD-2/CCX系列相控阵精密跟踪测量雷达(见图3-0)在约700 km处就发现并捕获了速度接近6.5 km/s的目标,其对高速运动目标的远程快速捕获能力得到较大提升。该系列雷达既可以进行飞船返回段跟踪测量,也可用于火箭发射段的跟踪测量,除了护航宇航员回家,还能对火箭、导弹等高速目标进行精密跟踪测量。

  该系列的"鼻祖"是11次成功迎接"神舟"飞船平安回家的车载式有线电扫描测量雷达,这是我国首部机动式、多目标、无源相控阵测量雷达,它能够在飞船返回经过"黑障区"时保持连续跟踪,实现对落点的精准预测,代号"回收"一号。作为"功勋之后",LD-2/CCX系列雷达接过"回收"一号雷达的接力棒,此次任务中,交会对接微波雷达精确输出了"神舟"十三号载人飞船与空间站核心舱的相对距离、速度和角度等位置信息,跟踪测量雷达如同一把"标尺"测量实时准确的数据并提供给控制中心,为前方搜救提供有效目标落点数据,为返回舱平安落地护航。

图 3-0 相控阵体制测量雷达

☞实验目的

> 理解 LFMCW 雷达测速原理,能够分析雷达速度分辨率、速度测量精度、最大不模糊速度以及影响这三个物理量的因素。

> 理解速度分辨率、速度测量精度、最大不模糊速度和雷达信号参数的关系。

> 熟练掌握 LFMCW 雷达测速方法。

☞ 实验设备

实验系统包括计算机一台、77 GHz 毫米波雷达系统板一块、USB 转串口模块一块、Micro USB 连接线一根、USB Type－A 延长线一根、三脚架两个、激光测距仪一个、含步进电机的旋转装置一套、典型轻质金属圆柱体目标两个。

雷达测速实验设备如图 3－1 所示。

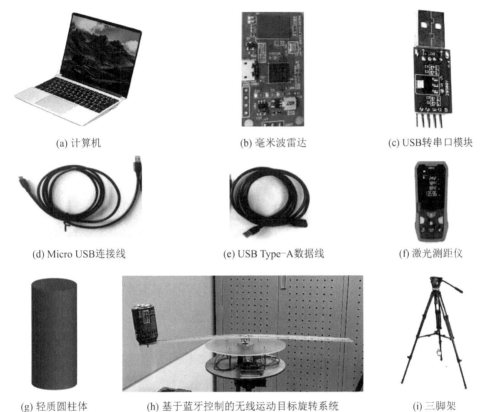

(a) 计算机　　(b) 毫米波雷达　　(c) USB 转串口模块

(d) Micro USB 连接线　　(e) USB Type－A 数据线　　(f) 激光测距仪

(g) 轻质圆柱体　　(h) 基于蓝牙控制的无线运动目标旋转系统　　(i) 三脚架

图 3－1　测速实验设备

对于如图 1－2 所示的 LFMCW 雷达系统结构,本实验采用 77 GHz 毫米波雷达系统,具体参数如表 3－1 所列。

表 3－1　测速雷达系统参数

参　　数	设置值
载频/GHz	77
调频斜率/(MHz · μs^{-1})	42.5
调制周期/μs	110
采样率/MHz	3.63
单 chirp 有效采样点数	128
有效带宽/GHz	3
距离分辨率/m	0.05

目标速度测量是雷达的又一基本测量能力。利用数字信号处理的采样定理、离散时间傅里叶变换、快速傅里叶变换、窗函数等基础理论,依据雷达系统原理,可开展雷达测速原理验证、测速分辨率、测距精度、最大不模糊速度等基础实验,涉及的知识内容如图 3-2 所示。

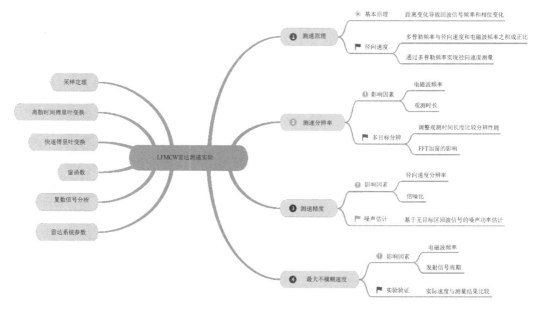

图 3-2 雷达测速知识图谱

3.1 LFMCW 雷达测速原理及方法

对于幅度为 A_t,线性调频起始频率为 f_0,连续调频斜率为 K 的 LFMCW 雷达发射信号,可以表示为

$$s_t(t) = A_t \cos(2\pi f_0 t + \pi K t^2) \tag{3-1}$$

对于到雷达的初始距离为 d,速度为 v 的目标,回波信号与发射信号之间的时延 τ 为

$$\tau = 2\frac{d+vt}{c} = \tau_0 + 2\frac{vt}{c} \tag{3-2}$$

式中,$\tau_0 = 2\dfrac{d}{c}$ 为初始目标回波时延。

因此,可得 LFMCW 雷达回波信号为

$$s_r(t) = A_r \cos\left[2\pi f_0(t-\tau) + \pi K(t-\tau)^2\right] \tag{3-3}$$

式中,A_r 为回波信号幅度。

令 $\Phi(t) = 2\pi f_0(t-\tau) + \pi K(t-\tau)^2$,则 $\Phi(t)$ 可展开为

$$\Phi(t) = 2\pi f_0(t-\tau_0) - 2\pi f_0 \frac{2vt}{c} + \pi K(t^2 - 2\tau_0 t) +$$

$$\pi K \tau_0^2 + \pi K\left(\frac{2vt}{c}\right)^2 - 2\pi K(t-\tau_0)\frac{2vt}{c} \tag{3-4}$$

式中,常数相位分量 $\pi K \tau_0^2$ 不影响回波分析可略去,相位分量 $\pi K\left(\dfrac{2vt}{c}\right)^2$ 和 $2\pi K(t-\tau_0)\dfrac{2vt}{c}$ 的

贡献相对于第二项和第三项要小得多,也可忽略。

从而,在对回波信号分析不产生较大影响的条件下,射频回波信号可近似表示为

$$s_r(t) \approx A_r \cos\left\{2\pi\left[f_0(t-\tau_0) + K\left(\frac{1}{2}t^2 - \tau_0 \cdot t\right) + f_D t\right]\right\} \tag{3-5}$$

式中,$f_D = -2\dfrac{f_0 v}{c}$ 表示由目标运动引起的雷达回波信号中的多普勒频移。

发射信号和回波信号经过混频器后的输出为

$$s_{mix}(t) = s_r(t) \cdot s_t(t) \tag{3-6}$$

对 $s_{mix}(t)$ 进行低通滤波,忽略信号幅度的变化,得到中频信号,即

$$s_{IF}(t) = \frac{1}{2}\cos\left[2\pi\left(f_0 \cdot \frac{2d}{c}\right) + 2\pi\left(K\frac{2d}{c} + \frac{2f_0 v}{c}\right)t\right] \tag{3-7}$$

其中,令 $\Delta\varphi = \dfrac{4\pi v \cdot t}{\lambda}$,因此,中频信号 f_{IF} 为

$$f_{IF} = K \cdot 2\frac{d+vt}{c} + \frac{\Delta\varphi}{2\pi t} \tag{3-8}$$

实验中对中频信号做 FFT 得到目标回波的一维距离像,其峰值频率 f_{IF},由中频信号频率公式可以计算目标到雷达的距离 d,即

$$d = \frac{c\tau_0}{2} = \frac{cf_{IF}}{2K} \tag{3-9}$$

当目标运动时,对前一步得到的一维距离像再做一次 FFT 得到目标的距离-多普勒图,从而可以得到目标运动的速度 v

$$v = \frac{\lambda}{4\pi}\frac{d\Delta\varphi}{dt} = \frac{\lambda f_{FFT}}{2} \tag{3-10}$$

式中,$\dfrac{d\Delta\varphi}{dt}$ 为相位差 $\Delta\varphi$ 对时间 t 的微分,f_{FFT} 为 FFT 后与目标速度对应的多普勒频率。

综上,LFMCW 雷达测速的信号处理流程如图 3 - 3 所示。

假设 LFMCW 信号的调频重复频率为 f_{PRT},离散傅里叶变换点数为 N,则第 k 个谱线表示的频率为

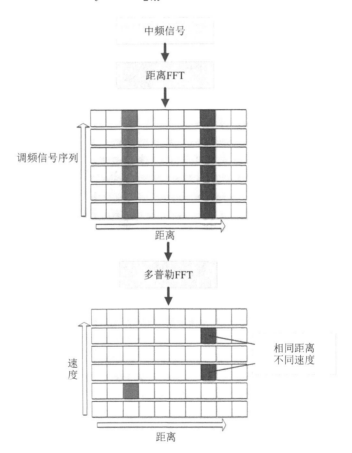

图 3 - 3　测速数据处理流程

$$f_k = \frac{f_{PRT}}{N} \cdot k \qquad\qquad (3-11)$$

从而,该谱线对应的速度为

$$v = \frac{\lambda}{2} \cdot f_k = \frac{\lambda}{2} \cdot \frac{f_{PRT}}{N} \cdot k \qquad\qquad (3-12)$$

测速实验原理如图 3-4 所示。实验值装置实景如图 3-5 所示。

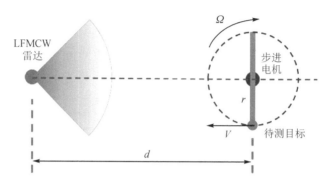

图 3-4 雷达测速实验方法

图 3-5 实验装置实景

如图 3-4 和图 3-5 所示,将步进电机放置在 LFMCW 雷达正前方,待测目标可以在固定在步进电机上的横杆上移动,从而改变目标的旋转半径 r。通过改变步进电机的转速 Ω 以及旋转半径 r,可以使待测目标获得不同的线速度 v,即

$$v = \Omega \cdot r \qquad\qquad (3-13)$$

目标在步进电机作用下做圆周运动,当雷达与目标的连线与其运动轨迹相切时,其在雷达径向方向的运动速度达到最大值 $v_{t,max}$,雷达测得的多普勒频率绝对值也达到最大。根据雷达测速计算公式计算出最大多普勒频率为

$$f_{\mathrm{D,max}} = -2\frac{f_0 v_{\mathrm{t,max}}}{c} = -2\frac{f_0 \Omega \cdot r}{c} \tag{3-14}$$

从而可从最大多普勒频率计算得到目标的最大径向速度 $v_{\mathrm{t,max}}$。

在此基础上,通过调节 chirp 周期,改变最大不模糊速度,调节观测帧积累周期,改变多普勒频率或者速度分辨率,观察当目标运动参数相同时,由雷达系统参数的改变导致的结果变化。

3.2　雷达测速原理实验

1. 实验目的

① 理解和掌握雷达测速原理。

② 理解和掌握运动目标雷达回波信号参数和雷达发射信号参数、目标运动参数的关系。

2. 实验原理

对于运动目标,单频连续波通过测量回波信号频率,基于多普勒频率 f_{d} 与目标运动速度 v 之间的正比例关系,即可确定目标的径向速度,即

$$v = \frac{\lambda \cdot f_{\mathrm{d}}}{2} \tag{3-15}$$

式中,λ 为单频连续波的波长。

而对于 LFMCW 雷达,由其测距原理可知,每个线性调频发射信号的中频回波频率与目标当前距离成正比。因此,不能直接由 LFMCW 雷达中频回波信号的频率来确定目标的径向速度。

在 LFMCW 测速过程中,目标的距离变化不大并小于一个距离分辨单元。由于目标运动导致了目标距离产生一定的变化,一维距离像中目标所在距离单元信号的相位则随着观测时间的增加存在规律性变化。这一相位变化关系可以表示为 $\Delta\varphi = \dfrac{4\pi v \cdot \Delta t}{\lambda}$,可以看出相邻调频周期获得的目标信号相位差 $\Delta\varphi$ 与目标径向速度 v 也成正比例关系,换句话说,就是该相位变化率与速度 v 成正比例关系,即 $\dfrac{\Delta\varphi}{\Delta t} = \dfrac{4\pi}{\lambda} \cdot v$。

因此,在观测时间段内,对一维距离像中的目标所在距离单元的信号进行频谱分析,即可按照式(3-10)~式(3-12)来确定目标的径向速度。

3. 预习测验

已知 LFMCW 雷达的中心频率为 77 GHz,目标的径向运动速度为 0.2 m/s,则该目标雷达回波信号的多普勒频率应为_____ Hz。

4. 实验内容

① 根据雷达测速原理,结合雷达系统参数,根据雷达回波信号测量目标运动速度。

② 对于同一雷达系统参数设置,测量并分析不同旋转速度条件下雷达回波信号的差异。

③ 对于同一雷达系统参数设置,测量并分析不同旋转半径条件下雷达回波信号的差异。

5. 实验步骤

(1)搭建实验场景

安装并连接好雷达测量系统,其中雷达面板与地面垂直。将带有步进电机的旋转装置安

装在三脚架上,并放置在雷达视线前方。

(2)设置雷达系统初始参数

按照表 2-1 所列参数设置并确认雷达系统的初始参数,并将实际配置记录在表 3-2 中。

表 3-2 测速原理实验雷达系统参数记录表

序　号	记录内容	数　值
1	载频/Hz	
2	调频斜率/(Hz·s^{-1})	
3	调制周期/μs	
4	采样率/MHz	
5	单 chirp 有效采样点数	
6	有效带宽/GHz	
7	距离分辨率/m	

(3)实验测量

① 将旋转装置放置在雷达视线前方 2.0 m 处,将轻质金属圆柱体目标固定在旋转支架上半径为 0.3 m 的位置,设定步进电机转速为 50 r/s。设置每帧积累的调制周期数为 64,观测 512 帧数据。进行一次测量,记录原始雷达回波的时域波形。

② 对各帧原始观测数据进行二维傅里叶变换,获得距离-速度二维复数图像。

③ 对获得距离-速度二维复数图像进行 CFAR 检测,确定各帧中目标的径向运动速度,并整理所有帧中测量得到的目标速度,获得被测目标随时间变化的速度数据,绘制被测目标的时间-速度曲线,并记录该图像。

④ 从测得的时间-速度曲线确定测量的最大多普勒频率、目标最大径向速度,以及由测量数据获得的目标支架转速、目标旋转半径,并将测量结果填入表 3-3 中。

表 3-3 测速原理实验数据记录 A

序　号	记录内容	测量结果
1	激光测距仪测量步进电机中心到雷达距离/m	
2	设定的目标旋转半径/m	
3	设定的步进电机转速/(r·s^{-1})	
4	预期的目标最大径向速度/(m·s^{-1})	
5	预期的最大多普勒频率/Hz	
6	设定的单帧积累调频周期数	
7	测量的最大多普勒频率/Hz	
8	测量的目标最大径向速度/(m·s^{-1})	
9	测量的步进电机转速/(r·s^{-1})	
10	测量的目标旋转半径/m	

⑤ 将步骤①中的步进电机转速调整为 25 r/s,其他参数不变。进行一次测量,记录原始

雷达回波的时域波形。

⑥ 对各帧原始观测数据进行二维傅里叶变换,获得距离-速度二维复数图像。

⑦ 对获得距离-速度二维复数图像进行 CFAR 检测,确定各帧中目标的径向运动速度,并整理所有帧中测量得到的目标速度,获得被测目标随时间变化的速度数据,绘制被测目标的时间-速度曲线,并记录该图像。

⑧ 从测得的时间-速度曲线确定测量的最大多普勒频率、目标最大径向速度,以及由测量数据获得的目标支架转速、目标旋转半径,并将测量结果填入表 3-4 中。

表 3-4　测速原理实验数据记录 B

序　号	记录内容	测量结果
1	激光测距仪测量步进电机中心到雷达距离/m	
2	设定的目标旋转半径/m	
3	设定的步进电机转速/$(r \cdot s^{-1})$	
4	预期的目标最大径向速度/$(m \cdot s^{-1})$	
5	预期的最大多普勒频率/Hz	
6	设定的单帧积累调频周期数	
7	测量的最大多普勒频率/Hz	
8	测量的目标最大径向速度/$(m \cdot s^{-1})$	
9	测量的步进电机转速/$(r \cdot s^{-1})$	
10	测量的目标旋转半径/m	

⑨ 将步骤①中的目标旋转半径调整为 0.5 m,其他参数不变。进行一次测量,记录原始雷达回波的时域波形。

⑩ 对各帧原始观测数据进行二维傅里叶变换,获得距离-速度二维复数图像。

⑪ 对获得距离-速度二维复数图像进行 CFAR 检测,确定各帧中目标的径向运动速度,并整理所有帧中测量得到的目标速度,获得被测目标随时间变化的速度数据,绘制被测目标的时间-速度曲线,并记录该图像。

⑫ 从测得的时间-速度曲线确定测量的最大多普勒频率、目标最大径向速度,以及由测量数据获得的目标支架转速、目标旋转半径,并将测量结果填入表 3-5 中。

表 3-5　测速原理实验数据记录 C

序　号	记录内容	测量结果
1	激光测距仪测量步进电机中心到雷达距离/m	
2	设定的目标旋转半径/m	
3	设定的步进电机转速/$(r \cdot s^{-1})$	
4	预期的目标最大径向速度/$(m \cdot s^{-1})$	
5	预期的最大多普勒频率/Hz	
6	设定的单帧积累调频周期数	

续表 3 - 5

序 号	记录内容	测量结果
7	测量的最大多普勒频率/Hz	
8	测量的目标最大径向速度/(m·s⁻¹)	
9	测量的步进电机转速/(r·s⁻¹)	
10	测量的目标旋转半径/m	

（4）实验思考

① 对于实验采用的雷达系统，假设目标旋转半径为 0.3 m，旋转速度为 1 r/s 时，最大多普勒频率为 _____ Hz；当目标旋转半径增加为原来的 2 倍时，最大多普勒频率为 _____ Hz。

② 多普勒频率取决于哪些因素？

6. 实验讨论

利用雷达进行目标速度测量是以目标运动速度与回波的多普勒频率之间存在确定的数学物理关系为基础的。请阐述非相参雷达和相参雷达的区别，并讨论分析非相参能否用于目标速度的测量，并说明理由。

7. 实验报告

按照实验内容总结本次实验。根据实验原理和实验测量记录，分析并解释实验现象。

3.3 雷达测速分辨率实验

1. 实验目的

① 理解和掌握雷达测速原理，能够分析影响测速分辨率的因素。

② 理解和掌握雷达测速分辨率与雷达信号参数、观测时长的关系。

2. 实验原理

对于 LFMCW 雷达测速，类似于距离分辨率，根据图 3 - 6 所示的 LFMCW 雷达回波信号的时频变换结果，由瑞利分辨准则可知，LFMCW 雷达回波信号的频率分辨率 δ_f 取决于观测帧内积累的 chirp 周期个数 N_{chirp}，即

$$\delta_f = \frac{1}{T_c \cdot N_{chirp}} \tag{3-16}$$

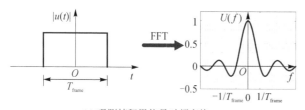

(a) 观测帧积累信号时频变换

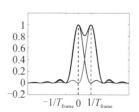

(b) 观测帧积累信号频谱分辨率

图 3 - 6　观测帧积累信号频谱

从而可得速度分辨率 δ_v：

$$\delta_v = \frac{\lambda}{2}\delta_f = \frac{\lambda}{2T_c} \cdot \frac{1}{N_{chirp}} = \frac{\lambda}{2T_{frame}} \qquad (3-17)$$

式中，$T_{frame} = T_c \cdot N_{chirp}$ 为观测帧内积累的总时间长度。

3. 预习测验

对于 77 GHz 的 LFMCW 雷达，若发射信号重复周期 T_c 为 110 μs，速度测量中每帧积累的 chirp 数为 16 个，算得毫米波雷达的速度分辨率为_____ m/s。

4. 实验内容

① 对于同一雷达系统参数设置，测量并分析相同旋转速度、不同旋转半径、相同帧积累观测时长的条件下目标速度，分析测量结果的关系。

② 对于同一雷达系统参数设置，测量并分析不同旋转速度、相同旋转半径、相同帧积累观测时长的条件下目标速度，分析测量结果的关系。

③ 对于同一雷达系统参数设置，测量并分析相同旋转速度、相同旋转半径、不同帧积累观测时长的条件下目标速度，分析测量结果的关系。

5. 实验步骤

（1）搭建实验场景

安装并连接好雷达测量系统，其中雷达面板与地面垂直。将带有步进电机的旋转装置安装在三脚架上，并放置在雷达视线前方。

（2）设置雷达系统初始参数

按照表 2-1 所列参数设置并确认雷达系统的初始参数，并将实际配置记录在表 3-6 中。

表 3-6　测速分辨率实验雷达系统参数记录表

序　号	记录内容	数　值
1	载频/Hz	
2	调频斜率/(Hz·s^{-1})	
3	调制周期/μs	
4	采样率/MHz	
5	单 chirp 有效采样点数	
6	有效带宽/GHz	
7	距离分辨率/m	

（3）实验测量

① 将旋转装置放置在雷达视线前方 2.0 m 处，将两个轻质金属圆柱体目标固定在旋转支架上半径分别为 0.3 m，0.5 m 的位置，设定步进电机转速为 50 r/s。设置每帧积累的调制周期数为 64，观测 512 帧数据。进行一次测量，记录原始雷达回波的时域波形。

② 对各帧原始观测数据进行二维傅里叶变换，获得距离-速度二维复数图像。

③ 对获得距离-速度二维复数图像进行 CFAR 检测，确定各帧中目标的径向运动速度，并整理所有帧中测量得到的目标速度，获得被测目标随时间变化的速度数据，绘制被测目标的时间-速度曲线，记录该图像。

④ 从测得的时间-速度图像中分别确定两个轻质金属圆柱体测量的最大多普勒频率、目标最大径向速度,以及由测量数据获得的目标支架转速、目标旋转半径,并将测量结果填入表 3-7 中。

表 3-7　测速分辨率实验数据记录 A

序　号	记录内容	测量结果
1	设定的单帧积累调频周期数	
2	理论径向速度分辨率/(m·s^{-1})	
3	激光测距仪测量步进电机中心到雷达距离/m	
4	设定的目标 1 旋转半径/m	
5	设定的目标 2 旋转半径/m	
6	设定的步进电机转速/(r·s^{-1})	
7	预期的目标 1 最大径向速度/(m·s^{-1})	
8	预期的目标 2 最大径向速度/(m·s^{-1})	
9	预期的目标 1 最大多普勒频率/Hz	
10	预期的目标 2 最大多普勒频率/Hz	
11	测量的目标 1 最大多普勒频率/Hz	
12	测量的目标 2 最大多普勒频率/Hz	
13	测量的目标 1 最大径向速度/(m·s^{-1})	
14	测量的目标 2 最大径向速度/(m·s^{-1})	
15	由目标 1 测量结果获得的步进电机转速/(r·s^{-1})	
16	由目标 2 测量结果获得的步进电机转速/(r·s^{-1})	
17	测量的目标 1 旋转半径/m	
18	测量的目标 2 旋转半径/m	

⑤ 将步骤①中每帧积累的调制周期数调整为 32,观测 1 024 帧数据,其他参数不变。进行一次测量,记录原始雷达回波的时域波形。

⑥ 对各帧原始观测数据进行二维傅里叶变换,获得距离-速度二维复数图像。

⑦ 对获得距离-速度二维复数图像进行 CFAR 检测,确定各帧中目标的径向运动速度,并将所有帧中测量得到的目标速度整理,获得被测目标随时间变化的速度数据,绘制被测目标的时间-速度曲线,记录该图像。

⑧ 从测得的时间-速度图像中分别确定两个轻质金属圆柱体测量的最大多普勒频率、目标最大径向速度,以及由测量数据获得的目标支架转速、目标旋转半径。

⑨ 将步骤①中每帧积累的调制周期数调整为 16,观测 2 048 帧数据,其他参数保持不变。进行一次测量,记录原始雷达回波的时域波形。

⑩ 对步骤⑨参数条件下的观测数据进行步骤⑥～⑧的处理,测量目标运动参数。

⑪ 将测量结果整理后填入表 3-8 中。

⑫ 将步骤① 中两个轻质金属圆柱体目标的旋转半径调整为 0.4 m,0.5 m,其他参数不变。进行一次测量,记录原始雷达回波的时域波形。

表 3－8　测速分辨率实验数据记录 B

序　号	记录内容	步骤⑤配置测量结果	步骤⑨配置测量结果
1	设定的单帧积累调频周期数		
2	理论径向速度分辨率/(m·s⁻¹)		
3	激光测距仪测量步进电机中心到雷达距离/m		
4	设定的目标 1 旋转半径/m		
5	设定的目标 2 旋转半径/m		
6	设定的步进电机转速/(r·s⁻¹)		
7	预期的目标 1 最大径向速度/(m·s⁻¹)		
8	预期的目标 2 最大径向速度/(m·s⁻¹)		
9	预期的目标 1 最大多普勒频率/Hz		
10	预期的目标 2 最大多普勒频率/Hz		
11	测量的目标 1 最大多普勒频率/Hz		
12	测量的目标 2 最大多普勒频率/Hz		
13	测量的目标 1 最大径向速度/(m·s⁻¹)		
14	测量的目标 2 最大径向速度/(m·s⁻¹)		
15	由目标 1 测量结果获得的步进电机转速/(r·s⁻¹)		
16	由目标 2 测量结果获得的步进电机转速/(r·s⁻¹)		
17	测量的目标 1 旋转半径/m		
18	测量的目标 2 旋转半径/m		

⑬ 对各帧原始观测数据进行二维傅里叶变换,获得距离–速度二维复数图像。

⑭ 对获得距离–速度二维复数图像进行 CFAR 检测,确定各帧中目标的径向运动速度,并将所有帧中测量得到的目标速度整理,获得被测目标随时间变化的速度数据,绘制被测目标的时间–速度曲线,并记录该图像。

⑮ 从测得的时间–速度图像中分别确定两个轻质金属圆柱体测量的最大多普勒频率、目标最大径向速度,以及由测量数据获得的目标支架转速、目标旋转半径。

⑯ 将步骤①中两个轻质金属圆柱体目标的旋转半径调整为 0.1 m,0.5 m,其他参数不变。进行一次测量,记录原始雷达回波的时域波形。

⑰ 对步骤⑯参数条件下的观测数据进行步骤⑬～⑮的处理,测量目标运动参数。

⑱ 将测量结果整理后填入表 3－9 中。

⑲ 将步骤①中步进电机转速调整为 15 r/s,其他参数不变。进行一次测量,记录原始雷达回波的时域波形。

⑳ 对各帧原始观测数据进行二维傅里叶变换,获得距离–速度二维复数图像。

㉑ 对获得距离–速度二维复数图像进行 CFAR 检测,确定各帧中目标的径向运动速度,并将所有帧中测量得到的目标速度整理,获得被测目标随时间变化的速度数据,绘制被测目标的时间–速度曲线,并记录该图像。

表 3 - 9　测速分辨率实验数据记录 C

序　号	记录内容	测量结果
1	设定的单帧积累调频周期数	
2	理论径向速度分辨率/(m·s^{-1})	
3	激光测距仪测量步进电机中心到雷达距离/m	
4	设定的目标 1 旋转半径/m	
5	设定的目标 2 旋转半径/m	
6	设定的步进电机转速/(r·s^{-1})	
7	预期的目标 1 最大径向速度/(m·s^{-1})	
8	预期的目标 2 最大径向速度/(m·s^{-1})	
9	预期的目标 1 最大多普勒频率/Hz	
10	预期的目标 2 最大多普勒频率/Hz	
11	测量的目标 1 最大多普勒频率/Hz	
12	测量的目标 2 最大多普勒频率/Hz	
13	测量的目标 1 最大径向速度/(m·s^{-1})	
14	测量的目标 2 最大径向速度/(m·s^{-1})	
15	由目标 1 测量结果获得的步进电机转速/(r·s^{-1})	
16	由目标 2 测量结果获得的步进电机转速/(r·s^{-1})	
17	测量的目标 1 旋转半径/m	
18	测量的目标 2 旋转半径/m	

㉒ 从测得的时间-速度图像中分别确定两个轻质金属圆柱体测量的最大多普勒频率、目标最大径向速度,以及由测量数据获得的目标支架转速、目标旋转半径,并将测量结果填入表 3 - 10 中。

表 3 - 10　测速分辨率实验数据记录 D

序　号	记录内容	测量结果
1	设定的单帧积累调频周期数	
2	理论径向速度分辨率/(m·s^{-1})	
3	激光测距仪测量步进电机中心到雷达距离/m	
4	设定的目标 1 旋转半径/m	
5	设定的目标 2 旋转半径/m	
6	设定的步进电机转速/(r·s^{-1})	
7	预期的目标 1 最大径向速度/(m·s^{-1})	
8	预期的目标 2 最大径向速度/(m·s^{-1})	
9	预期的目标 1 最大多普勒频率/Hz	

续表 3 - 10

序　号	记录内容	测量结果
10	预期的目标 2 最大多普勒频率/Hz	
11	测量的目标 1 最大多普勒频率/Hz	
12	测量的目标 2 最大多普勒频率/Hz	
13	测量的目标 1 最大径向速度/(m·s^{-1})	
14	测量的目标 2 最大径向速度/(m·s^{-1})	
15	由目标 1 测量结果获得的步进电机转速/(r·s^{-1})	
16	由目标 2 测量结果获得的步进电机转速/(r·s^{-1})	
17	测量的目标 1 旋转半径/m	
18	测量的目标 2 旋转半径/m	

（4）实验思考

① 根据理论计算结果,若提高速度分辨率至当前的 2 倍,则观测帧内积累的 chirp 调制周期个数应为_____个。

② LFMCW 雷达的速度分辨率取决于哪些因素? 如何提高雷达的测速分辨能力?

6. 实验讨论

当测量场景中存在多个目标时,可以采取哪些措施将速度相近的目标从速度上分辨开? 对于低速目标,在进行速度测量时需考虑哪些因素?

7. 实验报告

按照实验内容总结本次实验。根据实验原理和实验测量记录,分析并解释实验现象。

3.4　雷达测速精度实验

1. 实验目的

① 理解和掌握雷达测速原理,能够分析影响测速精度的因素。

② 理解和掌握雷达测速精度与雷达测速分辨率、信号功率等系统参数,以及目标雷达散射截面的关系。

2. 实验原理

由雷达系统尺度测量的误差分析可知,LFMCW 雷达的测速精度取决于雷达中心波长 λ、观测时长 τ,以及目标回波信噪比 SNR,可表示为

$$\delta V = \frac{\sqrt{3}}{\pi\sqrt{2\cdot\text{SNR}}}\cdot\frac{\lambda}{2\tau} \tag{3-18}$$

其中,基于实验测量的回波信噪比可由式(2-16)表示,即 $\text{SNR}=E/N_0$,目标所在的距离-速度单元附近无目标区域的噪声功率谱密度 N_0 可以从雷达回波的距离-速度图像中获得。$\delta_v = \frac{\lambda}{2\tau}$ 是测速雷达的速度分辨率。

因此,实验中可以通过改变 SNR 和 δ_v 来比较不同条件下的测速精度。

3．预习测验

已知 LFMCW 雷达中心频率为 77 GHz，LFM 信号周期为 110 μs，测速时积累 32 个周期，信噪比为 10 dB。计算此时毫米波雷达的测速精度为_____ m/s。

4．实验内容

① 对于同一雷达系统参数设置，测量并分析雷达射频带宽、积累信噪比与目标速度测量精度的关系。

② 对于同一雷达系统参数设置，测量并分析积累信号周期数量与目标速度测量精度的关系。

③ 对于同一雷达系统参数设置，测量并分析目标雷达散射截面与目标速度测量精度的关系。

5．实验步骤

（1）搭建实验场景

安装并连接好雷达测量系统，其中雷达面板与地面垂直。将带有步进电机的旋转装置安装在三脚架上，并放置在雷达视线前方。

（2）设置雷达系统初始参数

按照表 2－1 所列参数设置并确认雷达系统的初始参数，并将实际配置记录在表 3－11 中。

表 3－11　测速精度实验雷达系统参数记录表

序　　号	记录内容	数　　值
1	载频/Hz	
2	调频斜率/(Hz・s^{-1})	
3	调制周期/μs	
4	采样率/MHz	
5	单 chirp 有效采样点数	
6	有效带宽/GHz	
7	距离分辨率/m	

（3）实验测量

① 将旋转装置放置在雷达视线前方 2.0 m 处，将一个轻质金属圆柱体目标固定在旋转支架上半径为 0.3 m 的位置，设定步进电机转速为 50 r/s。设置每帧积累的调制周期数为 64，观测 1 024 帧数据。

② 基于当前参数进行一次测量，记录原始雷达回波的时域波形。

③ 对测量得到的各帧原始数据，选择快时间截取比例为 1∶1，窗函数为海明窗，进行二维傅里叶变换，获得距离-速度二维复数图像，并记录该图像。

④ 对获得距离-速度二维复数图像进行 CFAR 检测，确定各帧中目标的径向运动速度，获取最大径向速度所在帧中目标信号所在单元的能量、噪声功率谱密度，计算均值，并按照式(2－17)和式(2－18)计算各帧中目标所在距离-速度单元的信噪比，进而根据式(3－18)计算得到全带宽测量时各帧的测速精度，将平均值作为本次测量的测速精度，记录各帧测速精度

及其平均值、标准差。

⑤ 对测量得到的各帧原始数据,选择快时间截取比例为 1∶2,对应射频带宽为原来的一半,窗函数为海明窗,进行二维傅里叶变换,获得距离-速度二维复数图像,并记录该图像。

⑥ 对获得距离-速度二维复数图像进行 CFAR 检测,确定各帧中目标的径向运动速度,获取最大径向速度所在帧中目标信号所在单元的能量、噪声功率谱密度,计算均值,并按照式(2-17)和式(2-18)计算各帧中目标所在距离-速度单元的信噪比,进而根据式(3-18)计算得到射频带宽减半时各帧的测速精度,记录各帧测速精度及其平均值、标准差。

⑦ 重复步骤②～⑥两次,分别完成第二次和第三次测量。

⑧ 将步骤②～步骤⑦的测量结果汇总填入表 3-12 中。

表 3-12　目标 1 测速精度实验数据 A

序　号	记录内容	数据记录					
1	激光测距仪测量步进电机中心到雷达距离/m						
2	目标旋转半径/m						
3	设定的电机转速/(r·s^{-1})						
4	目标最大径向速度/(m·s^{-1})						
5	调频重复周期/μs						
6	雷达中心频率/GHz						
7	积累信号周期数量						
8	速度分辨率/(m·s^{-1})						
9	快时间截取比例	1∶1			1∶2		
10	雷达射频带宽/GHz						
11	距离分辨率/m						
12	次　序	第一次	第二次	第三次	第一次	第二次	第三次
	目标信号所在单元能量						
	噪声功率谱密度						
	信噪比						
	测速精度/(m·s^{-1})						
	各帧测速精度均值/(m·s^{-1})						
	各帧测速精度方差/(m·s^{-1})						

⑨ 将步骤①中每帧积累的调制周期数调整为 32,观测 1 024 帧数据,其他参数不变。

⑩ 基于当前参数进行一次测量,记录原始雷达回波的时域波形。

⑪ 对测量得到的各帧原始数据,选择快时间截取比例为 1∶1,窗函数为海明窗,进行二维傅里叶变换,获得距离-速度二维复数图像,并记录该图像。

⑫ 对获得距离-速度二维复数图像进行 CFAR 检测,确定各帧中目标的径向运动速度,获取最大径向速度所在帧中目标信号所在单元的能量、噪声功率谱密度,计算均值,并按照

式(2−17)和式(2−18)计算各帧中目标所在距离−速度单元的信噪比,进而根据式(3−18)计算得到全带宽测量各帧积累时间减半时各帧的测速精度,将平均值作为本次测量的测速精度,记录各帧测速精度及其平均值、标准差。

⑬ 重复步骤⑩～⑫两次,分别完成第二次和第三次测量。记录测量结果。

⑭ 将步骤①中每帧积累的调制周期数调整为16,观测1 024帧数据,其他参数不变。重复步骤⑩～⑫三次。记录测量结果。

⑮ 将步骤⑨～⑭的测量结果汇总填入表3−13中。

表 3−13　目标1测速精度实验数据 B

序　号	记录内容	数据记录					
1	激光测距仪测量步进电机中心到雷达距离/m						
2	目标旋转半径/m						
3	设定的电机转速/(r·s⁻¹)						
4	目标最大径向速度/(m·s⁻¹)						
5	调频重复周期/μs						
6	雷达中心频率/GHz						
7	积累信号周期数量	32			16		
8	速度分辨率/(m·s⁻¹)						
9	快时间截取比例	1:1			1:1		
10	雷达射频带宽/GHz						
11	距离分辨率/m						
12	次　序	第一次	第二次	第三次	第一次	第二次	第三次
	目标信号所在单元能量/J						
	噪声功率谱密度/(W·Hz⁻¹)						
	信噪比						
	测速精度/(m·s⁻¹)						
	各帧测速精度均值/(m·s⁻¹)						
	各帧测速精度方差/(m·s⁻¹)						

⑯ 将步骤①中的轻质金属圆柱体目标替换为三面角反射器,其他参数不变,再次开展测量。

⑰ 基于当前参数进行一次测量,记录原始雷达回波的时域波形。

⑱ 对测量得到的各帧原始数据,选择快时间截取比例为1:1,窗函数为海明窗,进行二维傅里叶变换,获得距离−速度二维复数图像,并记录该图像。

⑲ 对获得距离−速度二维复数图像进行 CFAR 检测,确定各帧中目标的径向运动速度,获取最大径向速度所在帧中目标信号所在单元的能量、噪声功率谱密度,计算均值,并按照式(2−17)和式(2−18)计算各帧中目标所在距离−速度单元的信噪比,进而根据式(3−18)计

算得到全带宽测量时各帧的测速精度,将平均值作为本次测量的测速精度,记录各帧测速精度及其平均值、标准差。

⑳ 重复步骤⑰~⑲两次,分别完成第二次和第三次测量。

㉑ 将步骤⑯~步骤⑳的测量结果汇总填入表 3 - 14 中。

表 3 - 14　目标 2 测速精度实验数据

序　号	记录内容	数据记录		
1	激光测距仪测量步进电机中心到雷达距离/m			
2	目标旋转半径/m			
3	设定的电机转速/(r·s⁻¹)			
4	目标最大径向速度/(m·s⁻¹)			
5	调频重复周期/μs			
6	雷达中心频率/GHz			
7	积累信号周期数量	64		
8	速度分辨率/(m·s⁻¹)			
9	快时间截取比例	1:1		
10	雷达射频带宽/GHz			
11	距离分辨率/m			
12	次　序	第一次	第二次	第三次
	目标信号所在单元能量/J			
	噪声功率谱密度/(W·Hz⁻¹)			
	信噪比			
	测速精度/(m·s⁻¹)			
	各帧测速精度均值/(m·s⁻¹)			
	各帧测速精度方差/(m·s⁻¹)			

(4)实验思考

① 雷达测速精度取决于哪些因素? 对于 LFMCW 雷达,如何提高雷达的测速精度?

② 理论上,若截取原始观测帧积累 chirp 个数的 1/2 用于速度测量,则雷达的测速精度将变为原来的＿＿＿倍。

③ 雷达测速中,要使雷达测速精度提升 2 倍,可采取哪些具体措施?

6. 实验讨论

微波雷达是空间交会对接任务的关键测量敏感器,具有测量及通信功能,可以在相对距离百余千米到几米范围实现两飞行器间距离、速度、角度等相对运动参数的高精度测量及可靠双向通信。在中国载人航天工程交会对接任务中,微波雷达已十次出征、连战连捷,始终保持精确测量、稳定跟踪。请结合雷达测速原理及实验内容,讨论并分析提高雷达测速精度的方法与实现方案。

7. 实验报告

按照实验内容总结本次实验。根据实验原理和实验测量记录,分析并解释实验现象。

3.5 最大不模糊速度实验

1. 实验目的

① 理解和掌握雷达测速原理,能够分析影响最大不模糊速度的因素。

② 理解和掌握最大不模糊速度与 LFMCW 调频周期、发射信号频率等系统参数的关系。

2. 实验原理

对于 LFMCW 雷达最大不模糊速度,因为相位 $\Delta\varphi$ 的取值范围为 $[0,2\pi]$,当相位大于 2π 或小于 0 时会产生折叠,从而使得测量结果呈现出混叠现象,如图 3-7 所示。因此,为了测量目标速度时不出现混叠,目标运动的速度需要满足 $\Delta\varphi$ 在 $[0,2\pi)$ 的条件。该条件下,目标运动的速度即为雷达的最大不模糊速度。最大不模糊速度 v_{max} 为

$$v_{max} = \frac{\lambda}{4T_c} \tag{3-19}$$

式中,T_c 为 LFMCW 信号的调频周期,且不模糊速度范围为 $[-v_{max}, v_{max})$。

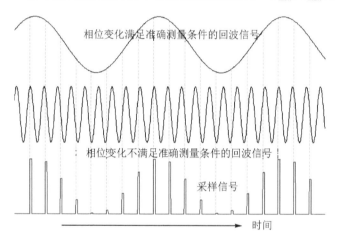

图 3-7 速度模糊原理

相应地,雷达系统测速的最大不模糊速度间隔为

$$v_{u,max} = \frac{\lambda}{2T_c} \tag{3-20}$$

因此,当测量场景中,仅存在同向运动的目标时,最大不模糊速度范围为 $[0,v_{max})$ 或 $(-v_{max}, 0]$,其中,具体范围取决于目标相对于雷达的运动方向。

对于中频输出信号为实数的雷达系统,由傅里叶变换可知,其运动目标信号的频谱在零频两侧对称呈现,增加了确定速度方向的难度。因此,在实际雷达测速中,通常采用的系统输出正交的复数中频信号。

3. 预习测验

已知 LFMCW 雷达中心频率为 77 GHz,LFMCW 信号周期 T_c 为 110 μs,则用于复杂场景测量时,该毫米波雷达的最大不模糊速度为_____ m/s。

4. 实验内容

① 对于同一运动目标,测量并分析调频周期与最大不模糊速度的关系。

②　对于同一雷达系统参数设置,测量并分析目标不同运动速度的测量结果与真实速度、雷达可测最大不模糊速度之间的关系。

5. 实验步骤

(1)搭建实验场景

安装并连接好雷达测量系统,其中雷达面板与地面垂直。将带有步进电机的旋转装置安装在三脚架上,并放置在雷达视线前方。

(2)设置雷达系统初始参数

按照表 2-1 所列参数设置并确认雷达系统的初始参数,并将实际配置记录在表 3-15 中。

表 3-15　最大不模糊速度实验雷达系统参数记录表

序　号	记录内容	数　值
1	载频/Hz	
2	调频斜率/(Hz·s^{-1})	
3	调制周期/μs	
4	采样率/MHz	
5	单 chirp 有效采样点数	
6	有效带宽/GHz	
7	距离分辨率/m	

(3)实验测量

①　将旋转装置放置在雷达视线前方 2.0 m 处,将轻质金属圆柱体目标固定在旋转支架上半径为 0.3 m 的位置,设定步进电机转速为 25 r/s。设置每帧积累的调制周期数为 64,观测 1 024 帧数据。进行一次测量,记录原始雷达回波的时域波形。

②　对各帧原始观测数据进行二维傅里叶变换,获得距离-速度二维复数图像。

③　对获得距离-速度二维复数图像进行 CFAR 检测,确定各帧中目标的径向运动速度,并将所有帧中测量得到的目标速度整理,获得被测目标随时间变化的速度数据,绘制被测目标的时间-速度曲线,并记录该图像。

④　从测得的时间-速度曲线确定测量的最大多普勒频率、目标最大径向速度。

⑤　对于步骤①中的测量数据,从各帧中抽取原始观测帧积累的 chirp 调频周期个数的 1/2,即各 chirp 间隔抽取,使得 chirp 间隔变为原来的两倍。并重复步骤②~④,记录相应实验测量结果。

⑥　对于步骤①中的测量数据,从各帧中抽取原始观测帧积累的 chirp 调频周期个数的 1/4,使得 chirp 间隔变为原来的四倍。并重复步骤②~④,记录相应实验测量结果。

⑦　将测量结果汇总后填入表 3-16 中。

⑧　将步骤①中的步进电机转速调整为 50 r/s,其他参数不变。进行一次测量,记录原始雷达回波的时域波形。

⑨　对各帧原始观测数据进行二维傅里叶变换,获得距离-速度二维复数图像。

⑩　对获得距离-速度二维复数图像进行 CFAR 检测,确定各帧中目标的径向运动速度,并将所有帧中测量得到的目标速度整理,获得被测目标随时间变化的速度数据,绘制被测目标的

时间-速度曲线,并记录该图像。

表 3 – 16　最大不模糊速度实验数据记录 A

序　　号	记录内容	数据记录		
1	激光测距仪测量步进电机中心到雷达距离/m			
2	设定的目标旋转半径/m			
3	设定的步进电机转速/(r·s^{-1})	25		
4	预期的目标最大径向速度/(m·s^{-1})			
5	预期的最大多普勒频率/Hz			
6	发射信号 chirp 重复周期/μs			
7	设定的原始单帧积累调频周期数	64		
8	chirp 抽取比例	1:1	1:2	1:4
9	雷达可测的最大不模糊速度/(m·s^{-1})			
10	测量的最大多普勒频率/Hz			
11	测量的目标最大径向速度/(m·s^{-1})			

⑪ 从测得的时间-速度曲线确定测量的最大多普勒频率、目标最大径向速度。

⑫ 对于步骤⑧中的测量数据,从各帧中抽取原始观测帧积累的 chirp 调频周期个数的 1/2,即各 chirp 间隔抽取,使得 chirp 间隔变为原来的两倍。并重复步骤⑨～⑪,记录相应实验测量结果。

⑬ 对于步骤⑧中的测量数据,从各帧中抽取原始观测帧积累的 chirp 调频周期个数的 1/4,使得 chirp 间隔变为原来的四倍。并重复步骤⑨～⑪,记录相应实验测量结果。

⑭ 将测量结果汇总后填入表 3 – 17 中。

表 3 – 17　最大不模糊速度实验数据记录 B

序　　号	记录内容	数据记录		
1	激光测距仪测量步进电机中心到雷达距离/m			
2	设定的目标旋转半径/m			
3	设定的步进电机转速/(r·s^{-1})	50		
4	预期的目标最大径向速度/(m·s^{-1})			
5	预期的最大多普勒频率/Hz			
6	发射信号 chirp 重复周期/μs			
7	设定的原始单帧积累调频周期数	64		
8	chirp 抽取比例	1:1	1:2	1:4
9	雷达可测的最大不模糊速度/(m·s^{-1})			
10	测量的最大多普勒频率/Hz			
11	测量的目标最大径向速度/(m·s^{-1})			

⑮ 将步骤①中的步进电机转速调整为 75 r/s,其他参数不变。进行一次测量,记录原始雷达回波的时域波形。

⑯ 对各帧原始观测数据进行二维傅里叶变换,获得距离-速度二维复数图像。

⑰ 对获得距离-速度二维复数图像进行 CFAR 检测,确定各帧中目标的径向运动速度,并将所有帧中测量得到的目标速度整理,获得被测目标随时间变化的速度数据,绘制被测目标的时间-速度曲线,并记录该图像。

⑱ 从测得的时间-速度曲线确定测量的最大多普勒频率、目标最大径向速度。

⑲ 对于步骤⑮中的测量数据,从各帧中抽取原始观测帧积累的 chirp 调频周期个数的 1/2,即各 chirp 间隔抽取,使得 chirp 间隔变为原来的两倍。并重复步骤⑯~⑱,记录相应实验测量结果。

⑳ 对于步骤⑮中的测量数据,从各帧中抽取原始观测帧积累的 chirp 调频周期个数的 1/4,使得 chirp 间隔变为原来的 4 倍,并重复步骤⑯~⑱,记录相应实验测量结果。

㉑ 将测量结果汇总后填入表 3-18 中。

表 3-18　最大不模糊速度实验数据记录 C

序　号	记录内容	数据记录		
1	激光测距仪测量步进电机中心到雷达距离/m			
2	设定的目标旋转半径/m			
3	设定的步进电机转速/(r·s^{-1})	75		
4	预期的目标最大径向速度/(m·s^{-1})			
5	预期的最大多普勒频率/Hz			
6	发射信号 chirp 重复周期/μs			
7	设定的原始单帧积累调频周期数	64		
8	chirp 抽取比例	1:1	1:2	1:4
9	雷达可测的最大不模糊速度/(m·s^{-1})			
10	测量的最大多普勒频率/Hz			
11	测量的目标最大径向速度/(m·s^{-1})			

(4) 实验思考

① 根据理论计算结果,若要提高雷达的最大不模糊速度为当前的 2 倍,雷达信号的 chirp 调频重复周期应为_____ μs。

② 实验中,抽取原始观测帧积累的 chirp 调频周期个数 1/2 后,雷达的速度分辨率为_____ m/s,雷达最大不模糊速度为_____ m/s,是原始观测帧积累的 chirp 调频周期个数对应最大不模糊速度的_____倍。

③ 雷达最大不模糊速度取决于哪些因素? 对于 LFMCW 雷达,如何提高雷达的最大不模糊速度?

6. 实验讨论

在日常生活中,观察道路上快速行驶的车辆可以看到车轮"倒转"的现象。请结合最大不模糊速度实验现象,讨论和分析产生该现象的原因并阐述原理。在用雷达测速时,为了避免该现象可采用哪些措施? 如果测量结果中存在该现象,则如何获得目标实际速度?

7. 实验报告

按照实验内容总结本次实验。根据实验原理和实验测量记录,分析并解释实验现象。

第4章 雷达测角实验

2021 年 10 月 16 日,在入轨约 6.5 后,"神舟"十三号载人飞船搭载 3 名航天员与"天和"核心舱完成了全自主径向快速交会对接。这是我国载人飞船在太空实施的首次径向快速交会对接。这次径向快速交会对接成功的背后离不开"功臣"——微波雷达的鼎力相助。

微波雷达(见图 4-0)作为中远距离的测量手段,在交会对接过程中,当"神舟"十三号载人飞船与"天和"核心舱相距约 90 km 时,微波雷达开始工作,采用伪码测距、多普勒测速、干涉仪测角等原理不断为导航控制系统提供两个航天器之间相对高精度距离、速度、角度信息,实现远距离捕获、稳定跟踪、精准测量。它的测量精度类似于从北京能够识别出石家庄的一张 A4 纸。

"神舟"十三号上安装的微波雷达具有体积小、重量轻、功耗低的特点,除了具备基本的高精度测量功能,还具有通信功能,能够根据切换指令与不同应答机进行通信,实现了核心舱多对接口对接。

图 4-0 交会对接微波雷达

☞ 实验目的

- ➢ 理解 LFMCW 雷达测角原理,能够分析最大视场角度、角度分辨率、角度测量精度以及影响这三个物理量的因素。
- ➢ 理解角度分辨率、角度测量精度和雷达系统参数的关系。
- ➢ 熟练掌握 LFMCW 雷达测角方法。

☞ 实验设备

实验系统包括计算机一台、77 GHz 毫米波雷达系统板一块、USB 转串口模块一块、Micro USB 连接线一根、USB Type-A 数据线一根、三面角反射器两个、三脚架三个、激光测距仪一个。

雷达侧角实验设备如图 4-1 所示。

对于如图 1-2 所示的 LFMCW 雷达系统结构,本实验采用 77 GHz 毫米波雷达系统,具

| (a) 计算机 | (b) 毫米波雷达 | (c) USB转串口模块 |

(d) Micro USB连接线　　(e) USB Type-A数据线　　(f) 激光测距仪

(g) 三面角反射器　　　　(i) 三脚架

图 4 - 1　测角实验设备

体参数如表 4 - 1 所列。

表 4 - 1　测角雷达系统参数

参　数	设置值
载频/GHz	77
调频斜率/(MHz · μs^{-1})	42.5
chirp 调频周期/μs	110
采样率/MHz	3.63
单 chirp 有效采样点数	128
有效带宽/GHz	3
距离分辨率/m	0.05
发射天线单元个数(水平方向)	2
发射天线单元个数(高度方向)	3
接收天线单元个数(水平方向)	4

　　测量目标相对于雷达视线方向所处空间位置的角度是雷达的又一基本测量能力。除了涉及雷达信号本身外,角度测量能力还与雷达天线的空间布局有密切关系。雷达测角实验中,基于数字信号处理基础理论,依据雷达系统原理,开展雷达测角原理验证、测角分辨率以及测角

精度等基础实验,涉及的知识内容如图 4-2 所示。

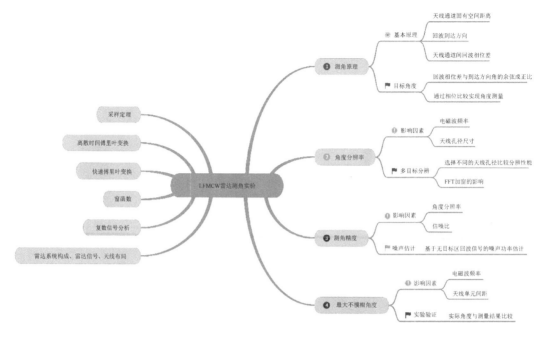

图 4-2　雷达测角知识图谱

4.1　LFMCW 雷达测角原理及方法

对于雷达视场中的单个目标,其到每个天线的距离差引起的时延导致 LFMCW 雷达回波信号经距离维傅里叶变换(fast Fourier transform,FFT)后,使各天线通道目标所在距离单元峰值信号相位存在差异。该相位差异可用于估算该目标回波方向偏离雷达主视线的角度。因此,单个目标的角度估计至少需要 2 个天线通道。当雷达系统仅有一个发射天线时,就需配置不少于 2 个的接收天线,如图 4-3 所示。其中,接收天线之间的空间距离为 L。

图 4-3 中,目标到两个天线的距离差为 Δd,两个天线通道回波信号经傅里叶变换后得到一维距离像,目标所在距离单元的信号相位差为 $\Delta \phi$。由于两个接收天线接收到的信号来自于目标对同一个发射天线辐射电磁波的散射回波,相位差 $\Delta \phi$ 与距离差 Δd 的关系为

$$\Delta \phi = \frac{2\pi \cdot \Delta d}{\lambda} \tag{4-1}$$

通常情况下,LFMCW 雷达的天线孔径尺寸较小。当目标到雷达天线的距离较远时,目标散射回波到达接收天线处可以视作均匀平面波,如图 4-4 所示。这种情况下,两个接收通道电磁波传播的程差 Δd 可以表示为

$$\Delta d = L \cdot \sin \theta \tag{4-2}$$

从而可得远场条件下,接收通道相位差可表示为

$$\Delta \phi = \frac{2\pi}{\lambda} L \cdot \sin \theta \tag{4-3}$$

因此,由(4-3)可得目标回波信号到达角,即目标空间位置偏离雷达正前方向的角度为

$$\theta = \arcsin \frac{\lambda \cdot \Delta\phi}{2\pi L} \tag{4-4}$$

由式(4-3)可知,目标角度 θ 和相邻天线通道的回波相位差 $\Delta\phi$ 是一种非线性的依赖关系,且 $\Delta\phi \propto \sin\theta$。由 $\frac{\mathrm{d}\sin\theta}{\mathrm{d}\theta} = \cos\theta$ 可知,当 θ 接近 0°时, $\Delta\phi$ 对 θ 的变化最敏感,而随着目标位置逐渐偏离雷达中心视线方向,即 θ 较大时, $\Delta\phi$ 对 θ 变化敏感性降低。因此,当 θ 接近 0°时,目标所在空间位置相对于雷达中心视线角度的测量准确性较高,随着 θ 角度的增大则测量准确性降低,当 θ 接近 90°时,误差最大。

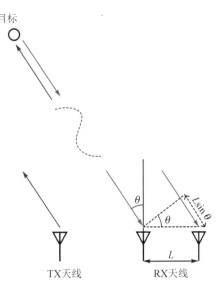

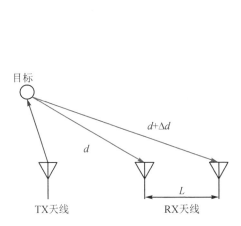

图 4-3　雷达测角天线及目标　　　　　图 4-4　测角原理

而且,相位差需满足 $|\Delta\phi| \leqslant \pi$,否则会产生模糊现象,不能明确目标的确切位于雷达中心视线两侧的哪一侧。进而由式(4-4)可得最大视场角为 $\theta_{\max} = \arcsin\frac{\lambda}{2L}$。因此,当 $L = \frac{\lambda}{2}$ 时, $\theta_{\max} = \frac{\pi}{2}$,即可达到最大的前向视场角范围,即 $\theta \in \left[-\frac{\pi}{2}, \frac{\pi}{2}\right]$;当 $L > \frac{\lambda}{2}$ 时,可达到的视场角范围为 $\theta \in \left[-\arcsin\frac{\lambda}{2L}, \arcsin\frac{\lambda}{2L}\right]$。

同时,由式(4-4)可以看出,雷达测角的主要任务是测量各天线通道中同一个目标回波信号的相位差。对于同一个目标,为了提高测角精度,即提高相位差的测量精度,可以采用多天线通道的雷达系统,如图 4-5 所示。

对于多天线通道测角,可以采用傅里叶变换获得各天线通道相位随天线空间分布的变化角频率 ω_s,即相位变化的空间频率。 ω_s 与相邻天线通道的相位差 $\Delta\phi$ 的关系可以表示为

$$\Delta\phi = \omega_s \cdot L \tag{4-5}$$

进而,依据式(4-4)可以求得目标所在位置的空间角度。

综上,LFMCW 雷达测角的信号处理流程如图 4-6 所示。

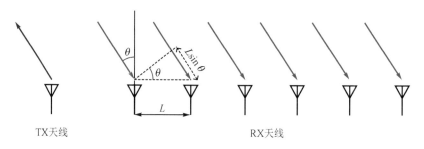

图 4-5　多天线通道测角

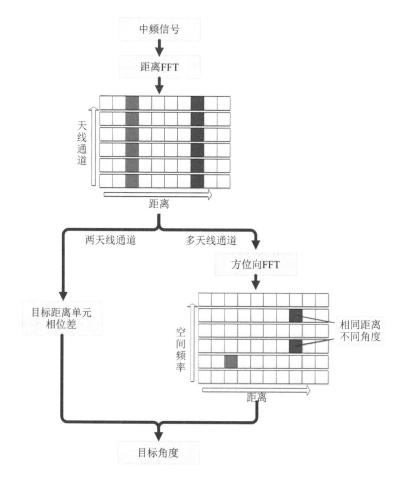

图 4-6　测角数据处理流程

　　本实验中，从全部天线通道中截取不同比例的天线通道并开展测角分辨率实验；通过雷达目标散射截面增强提高目标回波能量，改善信噪比，提升测角精度。

　　对比雷达测角和雷达测速，可以看出，测角和测速都是依据相同的信号模型，基于离散信号的相位变化规律，分别在空间域、时间域进行目标参数测量。其中，速度分辨率依赖于观测时间长度，即积累的帧周期长度，而角度分辨率依赖于天线阵列的孔径长度，即天线单元个数 N 与天线单元间距 L 的乘积 $N \cdot L$；最大不模糊速度依赖于调频周期，即 chirp 的时间长度，而最大视场角依赖于天线单元间距。

4.2　雷达测角原理实验

1. 实验目的

① 理解和掌握雷达测角原理。

② 理解和掌握雷达目标回波信号和雷达发射信号参数、目标位置参数、天线收发通道空间位置的关系。

2. 实验原理

由测角原理可知,对于雷达视场中的目标,由 LFMCW 雷达回波信号得到雷达阵列天线各通道的一维距离像后,就可以确定各相邻观测通道的相位差。从雷达测角原理上来看,对于具有均匀间距 L 的阵列天线,相邻通道的相位差原理是一致的,即同为 $\Delta\phi$。进而,可由式(4-3)表示的相位差 $\Delta\phi$ 与目标所在位置的方位角 θ 的关系,求解得到如式(4-4)表示的目标方位角 θ。

当雷达观测场景中存在有多目标时,可能多个目标具有相同的径向距离,使得直接采用式(4-3)和式(4-4)表示的基本方法不可行。但根据式(1-10)表示的雷达回波信号模型和图4-6 所示的多天线通道测角数据处理流程可实现多目标角度的测量。

3. 预习测验

已知 LFMCW 雷达中心频率为 77 GHz,天线为线型一发四收配置,接收天线阵元间隔为 2 mm,目标位置偏离雷达中心视线方向 30°。雷达对该目标进行测量时,计算各相邻天线通道的相位差为_____。

4. 实验内容

① 测量并分析目标角度与各通道回波信号相位的关系。

② 完成多目标场景中的目标角度测量。

5. 实验步骤

(1) 搭建实验场景

安装并连接好雷达测量系统,其中雷达面板与地面垂直。首先将一个三面角反射器安装在三脚架上,并放置在雷达视线前方。

(2) 设置雷达系统初始参数

按照表 2-1 所列参数设置并确认雷达系统的初始参数,并将实际配置记录在表 4-2 中。

表 4-2　测角原理实验雷达系统参数记录表

序　号	记录内容	数　值
1	载波频率/GHz	
2	调频斜率/(MHz·μs^{-1})	
3	调制周期/μs	
4	采样率/MHz	
5	单 chirp 有效采样点数	
6	有效射频带宽/GHz	

续表 4-2

序　号	记录内容	数　值
7	径向距离分辨率/m	
8	发射天线单元个数(水平方向)	
9	接收天线单元个数(水平方向)	
10	天线单元间隔/mm	
11	方位向不重叠的虚拟通道个数	

（3）实验测量

① 放置三面角反射器于雷达前方约 3 m 远处的位置 1,在测量初始阶段,调整目标位置 1 使其位于雷达正前方附近,并对确定的位置 1 进行标记。进行一次测量,记录原始雷达回波的时域波形。

② 对目标位于位置 1 时的原始观测数据进行一维傅里叶变换,获得一维距离像,确定目标所在的距离单元,获得所有天线通道一维距离像中该距离单元的幅度和相位,保存一维距离像图像,并记录目标所在的距离单元的幅度和相位。

③ 进行相位解缠绕处理后,计算相邻通道相位的差分,获取并记录相位差分的平均值。

④ 对目标所在的距离单元的数据进行傅里叶变换,确定目标位于位置 1 时所在的方位单元,保存图像并记录目标方位角。

⑤ 将步骤①中的三面角反射器移动到位置 2,并对确定的位置 2 进行标记。进行一次测量,记录原始雷达回波的时域波形。

⑥ 对目标位于位置 2 时的原始观测数据进行一维傅里叶变换,获得一维距离像,确定目标所在距离单元,获得所有天线通道一维距离像中该距离单元的幅度和相位,保存一维距离像图像,并记录目标所在距离单元的幅度和相位。

⑦ 进行相位解缠绕处理后,计算相邻通道相位的差分,获取并记录相位差分的平均值。

⑧ 对目标所在距离单元的数据进行傅里叶变换,确定目标位于位置 2 时所在的方位单元,保存图像并记录目标方位角。

⑨ 在位置 1 和位置 2 同时分别放置一个三面角反射器,进行一次测量,记录原始雷达回波的时域波形。

⑩ 对位置 1 和位置 2 同时存在目标场景的原始观测数据进行二维傅里叶变换,获得距离-角度二维复数图像,记录该图像。

⑪ 对获得距离-角度二维复数图像进行 CFAR 检测,确定并记录目标的径向距离和方位角。

⑫ 用激光测距仪测量位置 1、位置 2 分别到雷达的径向距离,以及两个位置间的距离。将实验数据汇总后填入表 4-3 中。

⑬ 将两目标分别向两侧移动到位置 3、位置 4,使得两目标之间的距离为原来的 2 倍。进行一次测量,记录原始雷达回波的时域波形。

⑭ 对新场景中位置 3 和位置 4 同时存在目标场景的原始观测数据进行二维傅里叶变换,获得距离-角度二维复数图像,记录该图像。

⑮ 对获得距离-角度二维复数图像进行 CFAR 检测,确定并记录目标的径向距离和方

位角。

表 4 – 3　测角原理实验数据记录表 A

序　号	记录内容	数据记录
1	激光测距仪测量目标位置 1 到雷达的距离/m	
2	位置 1 目标距离单元相位差分平均值/(°)	
3	雷达测量目标位置 1 的方位角/(°)	
4	激光测距仪测量目标位置 2 到雷达的距离/m	
5	激光测距仪测量目标位置 1 到位置 2 的距离/m	
6	计算位置 1 和位置 2 与雷达连线的夹角/(°)	
7	位置 2 目标距离单元相位差分平均值/(°)	
8	雷达测量目标位置 2 方位角/(°)	
9	两目标独立测量时的方位角差值/(°)	
10	两目标同时测量时位置 1 目标的方位角/(°)	
11	两目标同时测量时位置 2 目标的方位角/(°)	
12	两目标同时测量时的方位角差值/(°)	

⑯ 用激光测距仪测量移动后的位置 3、位置 4 分别到雷达的径向距离,以及两个位置间的距离。将实验数据汇总后填入表 4 – 4 中。

表 4 – 4　测角原理实验数据记录表 B

序　号	记录内容	数据记录
1	激光测距仪测量目标位置 3 到雷达的距离/m	
2	激光测距仪测量目标位置 4 到雷达的距离/m	
3	激光测距仪测量目标位置 3 到位置 4 的距离/m	
4	计算位置 3 和位置 4 与雷达连线的夹角/(°)	
5	雷达测量目标位置 3 的方位角/(°)	
6	雷达测量目标位置 4 的方位角/(°)	
7	雷达测量目标位置 3 和位置 4 的方位角差值/(°)	

（4）实验思考

① 从测角原理可知,当目标角度偏离雷达主视线方向时将存在较大误差。为了减小测量误差,可以采取哪些有效措施?

② 雷达测角的本质是什么?与雷达回波时域信号、天线单元空间分布有什么关系?天线相邻单元之间的距离应如何确定,对角度测量会产生什么影响?

6. 实验讨论

请思考和分析不同雷达体制测角原理和实现方法的异同,针对其中一种雷达体制,给出测角方法和实现途径。

7. 实验报告

按照实验内容总结本次实验。根据实验原理和实验测量记录,分析并解释实验现象。

4.3 雷达测角分辨率实验

1. 实验目的

① 理解和掌握雷达测角原理,能够分析影响测角分辨率的因素。

② 理解和掌握雷达测角分辨率与雷达信号参数、天线孔径长度的关系。

2. 实验原理

对于 LFMCW 雷达测角,类似于距离分辨率,根据图 4-7 给出的 LFMCW 雷达多通道全孔径回波信号的空-频变换结果,依据瑞利分辨准则可知,LFMCW 雷达的角度分辨率 δ_θ 取决于雷达波束宽度 θ_{beam},由雷达波长 λ、天线在垂直于目标方向上的投影孔径长度 $\hat{D}$ 决定,即

$$\delta_\theta = \theta_{\text{beam}} = \frac{\lambda}{\hat{D}} \tag{4-6}$$

式中,天线投影孔径长度 $\hat{D}$ 与天线物理孔径长度 D、目标方位角之间的关系可表示为

$$\hat{D} = D \cdot \cos\theta \tag{4-7}$$

对于阵列天线,其物理孔径长度 D 取决于天线单元间距 L 和单元数量 N,即

$$D = N \cdot L \tag{4-8}$$

当天线单元间距 $L = \lambda/2$ 且 $\theta = 0°$ 时,$\delta_\theta = \theta_{\text{beam}} = \frac{2}{N}$。

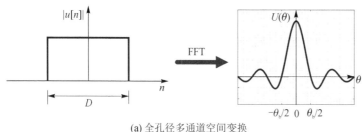 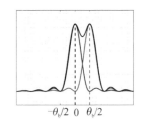

(a) 全孔径多通道空间变换　　　　(b) 多通道信号的角度分辨率

图 4-7 测角分辨原理

因此,在实验中,在雷达系统参数给定的条件下,可以调整用于测角的天线孔径长度 D 来验证和分析雷达测角分辨率。

3. 预习测验

已知 LFMCW 雷达中心频率为 77 GHz,天线孔径长度为 24 mm。该雷达视线中心的测角分辨率为_____。

4. 实验内容

① 给定雷达系统参数,测量并分析雷达天线孔径尺寸与角度分辨率的关系。

② 对于同一雷达系统参数设置,测量并分析目标雷达散射截面与角度分辨率的关系。

5. 验步骤

(1) 搭建实验场景

安装并连接好雷达测量系统,其中雷达面板与地面垂直。首先将两个三面角反射器分别安装在三脚架上,并放置在雷达视线前方。

（2）设置雷达系统初始参数

按照表 2-1 所列参数设置并确认雷达系统的初始参数,并将实际配置记录在表 4-5 中。

表 4-5　测角分辨率实验雷达系统参数记录表

序　号	记录内容	数　值
1	载波频率/GHz	
2	调频斜率/(MHz·μs^{-1})	
3	调制周期/μs	
4	采样率/MHz	
5	单 chirp 有效采样点数	
6	有效射频带宽/GHz	
7	径向距离分辨率/m	
8	发射天线单元个数(水平方向)	
9	接收天线单元个数(水平方向)	
10	天线单元间隔/mm	
11	方位向不重叠的虚拟通道个数	
12	初始设置理论角度分辨率/(°)(水平方向)	

（3）实验测量

① 放置两个三面角反射器目标 1 和目标 2 于雷达前方约 3 m 处。两目标分别与雷达连线的夹角约为全孔径角度分辨率的 4 倍。对确定的位置进行标记。进行一次测量,记录原始雷达回波的时域波形。

② 对原始观测数据进行二维傅里叶变换,获得距离-角度二维复数图像,记录该图像。

③ 对获得距离-角度二维复数图像进行 CFAR 检测,确定并记录目标的径向距离和方位角。

④ 截取原始全孔径天线的一半孔径,实验参数中的截取天线通道比例由 100% 改为50%,此时将截取其中一半天线通道的数据,重复步骤②～③,确定并记录目标的径向距离和方位角。将测量结果汇总后填入表 4-6 中。

表 4-6　测角分辨率实验数据记录表 A

序　号	记录内容	数据记录	
1	激光测距仪测量目标 1 到雷达的距离/m		
2	激光测距仪测量目标 2 到雷达的距离/m		
3	激光测距仪测量目标 1 到目标 2 的距离/m		
4	两目标与雷达连线的夹角/(°)		
5	孔径比例	全孔径	半孔径
6	理论角度分辨率/(°)(水平方向)		
7	雷达测量目标 1 方位角/(°)		
8	雷达测量目标 2 方位角/(°)		

⑤ 调整两个三面角反射器的位置,使得两目标与雷达连线的夹角为全孔径角度分辨率的2倍。对确定的位置进行标记。进行一次测量,记录原始雷达回波的时域波形。

⑥ 对原始观测数据进行二维傅里叶变换,获得距离-角度二维复数图像,记录该图像。

⑦ 对获得距离-角度二维复数图像进行 CFAR 检测,确定并记录目标的径向距离和方位角。

⑧ 截取原始全孔径天线的一半孔径,实验参数中的截取天线通道比例由 100% 改为50%,此时将截取其中一半天线通道的数据,重复步骤⑦～⑧,确定并记录目标的径向距离和方位角。将测量结果汇总后填入表 4-7 中。

表 4-7　测角分辨率实验数据记录表 B

序　号	记录内容	数据记录	
1	激光测距仪测量目标 1 到雷达的距离/m		
2	激光测距仪测量目标 2 到雷达的距离/m		
3	激光测距仪测量目标 1 到目标 2 的距离/m		
4	两目标与雷达连线的夹角/(°)		
5	孔径比例	全孔径	半孔径
6	理论角度分辨率/(°)(水平方向)		
7	雷达测量目标 1 方位角/(°)		
8	雷达测量目标 2 方位角/(°)		

⑨ 调整两个三面角反射器的位置,使得两目标与雷达连线的夹角与角度分辨率相同。对确定的位置进行标记。进行一次测量,记录原始雷达回波的时域波形。

⑩ 对原始观测数据进行二维傅里叶变换,获得距离-角度二维复数图像,记录该图像。

⑪ 对获得距离-角度二维复数图像进行 CFAR 检测,确定并记录目标的径向距离和方位角。

⑫ 截取原始全孔径天线的一半孔径,实验参数中的截取天线通道比例由 100% 改为50%,此时将截取其中一半天线通道的数据,重复步骤⑦～⑧,确定并记录目标的径向距离和方位角。将测量结果汇总后填入表 4-8 中。

表 4-8　测角分辨率实验数据记录表 C

序　号	记录内容	数据记录	
1	激光测距仪测量目标 1 到雷达的距离/m		
2	激光测距仪测量目标 2 到雷达的距离/m		
3	激光测距仪测量目标 1 到目标 2 的距离/m		
4	两目标与雷达连线的夹角/(°)		
5	孔径比例	全孔径	半孔径
6	理论角度分辨率/(°)(水平方向)		
7	雷达测量目标 1 方位角/(°)		
8	雷达测量目标 2 方位角/(°)		

（4）实验思考

① 根据理论计算结果,若要提高角度分辨率至当前的 4 倍,天线孔径尺寸应为_____。

② LFMCW 雷达的角度分辨率取决于哪些因素? 如何提高雷达的测角分辨能力?

6. 实验讨论

为了提升雷达系统的测角分辨能力,除了增加天线孔径的物理尺寸外,还可以采取哪些措施? 请查阅并分析文献资料,讨论实现途径。

7. 实验报告

按照实验内容总结本次实验。根据实验原理和实验测量记录,分析并解释实验现象。

4.4　雷达测角精度实验

1. 实验目的

① 理解和掌握雷达测角原理,能够分析影响测角精度的因素。

② 理解和掌握雷达测角精度与雷达测角分辨率、信号功率等系统参数,以及目标雷达散射截面的关系。

2. 实验原理

根据雷达系统尺度测量的误差分析可知,LFMCW 雷达的测角精度取决于雷达中心波长 λ、天线孔径长度 D,以及目标回波信噪比 SNR,可表示为

$$\delta\theta = \frac{\sqrt{3}}{\pi\sqrt{2\mathrm{SNR}}} \cdot \frac{\lambda}{D} \tag{4-9}$$

其中,基于实验测量的回波信噪比可由式（2-16）表示,即 $\mathrm{SNR} = E/N_0$。$\theta_{\mathrm{beam}} = \dfrac{\lambda}{D}$ 则是雷达的波束宽度。

因此,实验中可以通过改变 SNR 和等效的波束宽度 θ_{beam} 来比较不同条件下的测角精度。

3. 预习测验

已知 LFMCW 雷达中心频率为 77 GHz,天线孔径长度为 24 mm,信噪比为 10 dB。计算此时该雷达的测角精度为_____。

4. 实验内容

① 对于同一雷达系统参数设置,测量并分析雷达天线孔径尺寸、角度分辨率与目标测角精度的关系。

② 对于同一雷达系统参数设置,测量并分析目标雷达散射截面与测角精度的关系。

③ 对于同一雷达系统参数设置,测量并分析复杂目标散射中心分散性与测角精度的关系。

5. 实验步骤

（1）搭建实验场景

安装并连接好雷达测量系统,其中雷达面板与地面垂直。首先将三面角反射器分别安装在三脚架上,并放置在雷达视线前方。

（2）设置雷达系统初始参数

按照表 2-1 所列参数设置并确认雷达系统的初始参数,并将实际配置记录在表 4-9 中。

（3）实验测量。

① 放置三面角反射器于雷达前方约 3 m 处的位置,在测量初始阶段,调整目标位于雷达正前方附近,并对确定的位置进行标记。

② 进行一次测量,记录原始雷达回波的时域波形。

表 4-9　测角精度实验雷达系统参数记录表

序　号	记录内容	数　值
1	载波频率/GHz	
2	调频斜率/(MHz·μs^{-1})	
3	调制周期/μs	
4	采样率/MHz	
5	单 chirp 有效采样点数	
6	有效射频带宽/GHz	
7	径向距离分辨率/m	
8	发射天线单元个数(水平方向)	
9	接收天线单元个数(水平方向)	
10	天线单元间隔/mm	
11	方位向不重叠的虚拟通道个数	
12	初始设置理论角度分辨率/(°)(水平方向)	

③ 对原始观测数据进行一维傅里叶变换,获得一维距离像,确定目标所在距离单元,获得所有天线通道一维距离像中该距离单元的幅度和相位,保存一维距离像图像,并记录目标所在距离单元的幅度和相位。

④ 进行相位解缠绕处理后,计算相邻通道相位的差分,获取并记录相位差分的平均值。

⑤ 对目标所在距离单元的全孔径数据进行傅里叶变换,确定目标所在的方位单元,保存图像并记录目标方位角。

⑥ 获取目标信号所在单元的能量、噪声功率谱密度,并按照计算测角精度的原理,根据式(2-17)和式(2-18)计算目标所在方位单元的信噪比,进而根据式(2-14)计算得到第一次全孔径测量的测角精度。

⑦ 截取目标所在距离单元全孔径数据的一半进行傅里叶变换,确定目标所在的方位单元,保存图像并记录目标方位角。

⑧ 获取目标信号所在单元的能量、噪声功率谱密度,并按照计算测角精度的原理,根据式(2-17)和式(2-18)计算目标所在方位单元的信噪比,进而根据式(2-14)计算得到第一次半孔径测量的测角精度。

⑨ 重复步骤②~⑧两次,分别完成第二次和第三次测量。

⑩ 将步骤①~步骤⑨的测量结果汇总填入表 4-10 中。

⑪ 将步骤①中的三面角反射器替代为轻质圆柱体目标,其他参数不变。重复执行上述步骤①~步骤⑨的测量过程,并将测量结果汇总填入表 4-11 中。

（4）实验思考

① 若某雷达系统由于突发故障,导致全孔径天线中的仅有中间连续的一半孔径有效,则雷达的测角精度将变为原来的_____倍。

② 雷达测角精度取决于哪些因素?对于 LFMCW 雷达,如何提高雷达的测角精度?雷达测角中,若要使雷达测速精度提升 2 倍,可采取哪些具体措施?

表 4 - 10　目标 1 测角精度实验数据记录表

序　号	记录内容		测量结果			
1	角度分辨率/(°)(水平方向)					
2	激光测距仪测量目标到雷达距离/m					
3	次序	孔径尺寸	目标单元能量/J	噪声功率谱密度/(W·Hz^{-1})	信噪比	测角精度/(°)
4	第一次测量	全孔径				
5		半孔径				
7	第二次测量	全孔径				
		半孔径				
8	第三次测量	全孔径				
9		半孔径				

表 4 - 11　目标 2 测角精度实验数据记录表

序　号	记录内容		测量结果			
1	角度分辨率/(°)(水平方向)					
2	激光测距仪测量目标到雷达距离/m					
3	次序	孔径尺寸	目标单元能量/J	噪声功率谱密度/(W·Hz^{-1})	信噪比	测角精度/(°)
4	第一次测量	全孔径				
5		半孔径				
6	第二次测量	全孔径				
7		半孔径				
8	第三次测量	全孔径				
9		半孔径				

6. 实验讨论

高精度的目标角度测量具有重要用途,特别适用于复杂场景中微弱目标的探测。请结合实验内容,思考并分析针对强散射目标临近区域的弱目标测角问题可采用什么方法实现?

7. 实验报告

按照实验内容总结本次实验。根据实验原理和实验测量记录,分析并解释实验现象。

第5章　综合感知实验

毫米波雷达工作在毫米波段。通常毫米波是指 30～300 GHz 频段（波长为 1～10 mm）。毫米波的波长介于厘米波和光波之间，因此毫米波兼有微波制导和光电制导的优点。与厘米波导引头相比，毫米波导引头具有体积小、重量轻和空间分辨率高的特点。与红外、激光、电视等光学导引头相比，毫米波导引头穿透雾、烟、灰尘的能力强，具有全天候（大雨天除外）全天时的特点。另外，毫米波导引头的抗干扰、反隐身能力也优于其他微波导引头。

毫米波雷达除了在战术导弹末制导、近程导弹波束制导等方向具有重要的用途外，在无人机载雷达对地观测、智慧交通、智慧家居、室内人员检测、运动手势识别、人体生命特征监测等应用也具有重要的作用。特别是随着我国毫米波雷达芯片技术突飞猛进，毫米波雷达应用也将遍地开花。因此，通过易于建立的毫米波雷达系统熟练掌握并精通雷达技术是电子信息类人才培养的重要方向之一。

作为一种重要的探测装置，雷达系统应用于国防、民用安防、智慧城市、自动驾驶、智能家居、生命信号监测等诸多领域，服务于人们的工作和生活。在掌握雷达系统基础测量能力和性能的基础上，本章将雷达测量应用于室内和道路目标检测与跟踪、基于深度学习的运动手势识别等真实场景，帮助学生进一步理解和掌握雷达系统结构和原理，培养学生建立基于雷达传感器的测量、信号处理、数据处理的综合知识体系。

5.1　人员检测与跟踪

1. 实验目的

① 熟练掌握并运用 LFMCW 雷达测距、测速、测角原理，实现人员检测、定位与跟踪。

② 理解并掌握 LFMCW 雷达综合运用与数据处理，学会使用 LFMCW 雷达解决实际问题的方法。

2. 实验原理

该实验在综合运用毫米波雷达实现测距、测速、测角功能的基础上，与雷达目标恒虚警（constant false alarm rate，CFAR）检测与跟踪等知识点融合，实现环境测量、人员检测与轨迹跟踪。实验原理如图 5-1 所示。

实验中，对各帧数据处理的基本流程如下：

① 利用毫米波雷达测量获得场景观测中频回波数据。

② 对获取的中频回波信号在快时间维进行距离域傅里叶变换，得到一维距离像。

③ 对观测帧内的一维距离像进行均值相消，抑制静态背景，实现对静止物体的杂波滤除。

④ 对静态背景抑制后的一维距离像，在帧内沿慢时间维度进行傅里叶变换，得到各天线通道对观测场景的距离-速度数据矩阵。

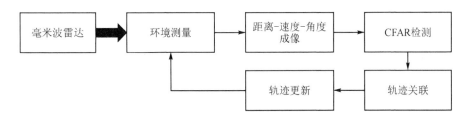

图 5 - 1　人员检测与跟踪实验原理

⑤ 对于距离-速度数据矩阵,沿天线阵列扩展方向进行傅里叶变换,得到观测场景的距离-速度-方位三维数据。

⑥ 对距离-速度-方位三维数据沿速度维进行非相干积累,压缩数据维度,提升目标所在单元的信号强度。

⑦ 对距离-方位数据进行 CFAR 检测,并对距离较近的检测结果进行聚合,确定目标及其角度。

⑧ 根据 CFAR 检测结果,确定目标距离、估计最大速度。

⑨ 根据目标当前最大速度,如果与前一帧观测的目标距离相比,目标当前距离在最大范围内,则记录目标距离、速度、角度以及目标所在单元数据。

因此,本实验的信号处理流程如图 5 - 2 所示。

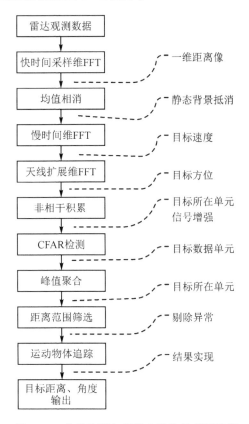

图 5 - 2　人员检测与跟踪实验信号处理流程

3. 静态杂波抑制

在雷达测量中,在完成对人体运动回波信号观测的同时,不可避免地会受到周围环境的影响,特别是来自于静态背景的杂波信号。为了更有效地实现运动人体目标的观测,通常采用相量均值相消算法对静态杂波进行抑制。该方法的核心思想就是通过求回波信号均值再做差来实现静态杂波抑制。

由于静止目标到雷达天线的距离不变,观测回波信号中静止目标的时延也不变。因此,对所有接收信号求平均就可以得到静止目标参考信号,然后用每次观测的回波信号减去参考信号就可以得到目标回波信号。

4. 恒虚警率检测

在实际探测环境中,杂波无处不在且随机变化。即使从雷达回波数据获得距离-多普勒信息后,依然无法直接得到待检测目标。因此,要准确提取人体目标信息,就需要抑制噪声干扰。CFAR 检测算法能够很好地解决此问题。

CFAR 算法是一种基于统计学原理,在保持恒定虚警率的前提下,通过判断信号是否超过一定门限值来进行目标检测的方法。常用于低信噪比(SNR)或低信杂比(SCR)条件下的目标检测。

CFAR 检测的主要原理是将每个雷达测量的数据点作为待检测单元,建立一个检测窗口,通过参考单元估计待检测单元 D_i 包含的噪声,在给定恒虚警率条件下,确定该待检测单元的判别阈值。CFAR 检测基本原理如图 5-3 所示。

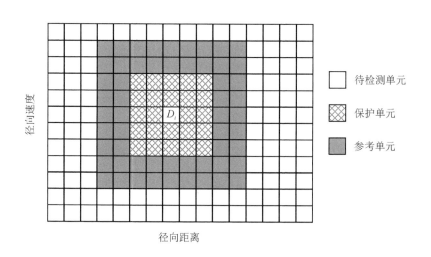

图 5-3 CFAR 检测原理

CFAR 算法中,为了估计待检测单元的噪声,需要确定一个适当的参考窗口尺寸,并确定参考窗口和目标检测窗口的位置关系。然后,根据参考单元的统计结果确定待检测单元的检测阈值。如果待检测单元的数值小于阈值,则判定该单元为杂波,不包含目标信号。如果待检测单元数值大于或等于阈值,则判定该单元包含目标信号。

单元平均-恒虚警率(cell average - constant false alarm rate, CA - CFAR)检测是一种常

用的瑞利包络杂波环境目标的检测算法,利用待测单元邻域内一组独立同分布的参考单元估计杂波功率。它的核心是将参考单元的均值作为待检测单元的杂波功率水平估计值,与门限因子相乘得到检测门限。假设图 5-3 中参考窗内参考单元个数为 M,则所有参考单元采样值的平均功率水平 Z 为

$$Z = \frac{1}{M}\sum_{m=1}^{M}x_m \tag{5-1}$$

对于给定门限因子 α,可以确定待检测单元的检测阈值 T 为

$$T = \alpha Z \tag{5-2}$$

从而,由自适应判决准则可获得判别结果,即

$$D_i \underset{H_0}{\overset{H_1}{\gtrless}} \alpha Z \tag{5-3}$$

式中,H_0 为待检测单元不包含目标信号,仅包含噪声和杂波;H_1 为待检测单元除噪声和杂波外还包含目标信号。

当无目标假设 H_0 时,高斯分布的杂波经过平方律检波变为指数分布。因此,参考单元采样 x_m 的概率密度函数可以表示为,即

$$P_{x_m}(x_m) = \begin{cases} \frac{1}{\lambda}\exp\left(-\frac{x_m}{\lambda}\right), & x_m \geqslant 0 \\ 0, & x_m < 0 \end{cases} \tag{5-4}$$

式中,λ 为分布参数。从而,由式(5-1)和式(5-2)可知,对于由 M 个参考单元采样值和门限因子 α 确定的自适应检测阈值 T 也是一个随机变量,由独立同分布随机变量联合概率密度函数可得检测阈值 T 的概率密度函数为

$$P_T(T) = \begin{cases} \left(\frac{M}{\alpha\lambda}\right)^M \frac{T^{M-1}}{(M-1)!}\exp\left(-\frac{MT}{\alpha\lambda}\right), & T \geqslant 0 \\ 0, & T < 0 \end{cases} \tag{5-5}$$

因此,与式(5-2)这一估计门限对应的虚警概率 P_{fa} 也是一随机变量,其数学期望可以表示为

$$E(P_{fa}) = \int_0^\infty \exp\left(-\frac{T}{\lambda}\right)P_T(T)\mathrm{d}T \tag{5-6}$$

将式(5-5)代入式(5-6),可得

$$E(P_{fa}) = \left(\frac{M}{\alpha\lambda}\right)^M \frac{1}{(M-1)!}\int_0^\infty T^{M-1}\exp\left(-\frac{M+\alpha}{\alpha\lambda}T\right)\mathrm{d}T \tag{5-7}$$

进一步积分运算后可得

$$E(P_{fa}) = \left(1+\frac{\alpha}{M}\right)^{-M} \tag{5-8}$$

进而,对于给定的预期虚警概率 P_{fa} 和参考单元数 M,可确定门限因子 α 为

$$\alpha = M(P_{fa}^{-\frac{1}{M}}-1) \tag{5-9}$$

从而由式(5-2)利用门限因子 α 和背景功率水平 Z 就可以得到待检测单元的检测门限。

对于人员检测,图 5-4 所示为一组利用 CA-CFAR 检测方法,通过人员距离-速度数据

得到的目标检测结果。可以看出,通过 CFAR 检测可以从输入数据中确定目标所在的单元,为进一步目标信息获取提供依据。

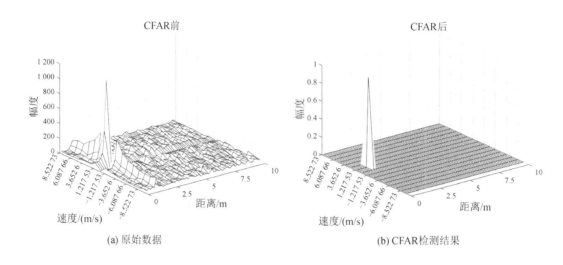

(a) 原始数据   (b) CFAR检测结果

图 5 - 4   CFAR 检测示例

5. 轨迹追踪

对于室内人员探测,接收信号通常包含由多径效应产生的回波,使得待测人员信息在距离-速度-方位数据中呈现出多个中心的现象。在比较复杂的室内环境下,这种情况会更加明显。前述静态杂波抑制、恒虚警率检测虽然可以实现对静态背景、加性随机噪声的抑制,但对较强运动目标的多径抑制能力依然不足。因此,需要采用进一步措施抑制多径效应的干扰。

实际上,在处理观测数据时,通过对观测时间段内人员活动区域范围、位置变化的合理性两方面来推断目标物体的位置。其中目标位置合理性可基于当前速度和上一帧位置进行判断,这种方法可以对多径效应有较强的抑制。

在处理雷达实测数据时,还需要结合观测场景评估测量结果。例如,人体雷达回波信号较弱,经 CFAR 检测无法发现该信号,导致数据帧内不存在目标位置的信息,进而导致测量结果缺失等情形。针对实际测量中出现的各种现象,需要结合观测场景和测量原理进行深入分析,找出根源,采取进一步措施加以解决。

6. 实验结果示例

对于每一帧观测回波数据,都能在 CFAR 检测后得到一个反映场景信息的距离-速度-角度三维数据,从中可以得到任何一帧目标的位置与速度观测结果。

对于前后运动的人员检测结果示例如图 5 - 5 所示。可以看出,目标沿径向距离方向往返运动。

对于左右运动的人员检测结果示例如图 5 - 6 所示。可以看出,目标在图示坐标区域内由右向左运动。

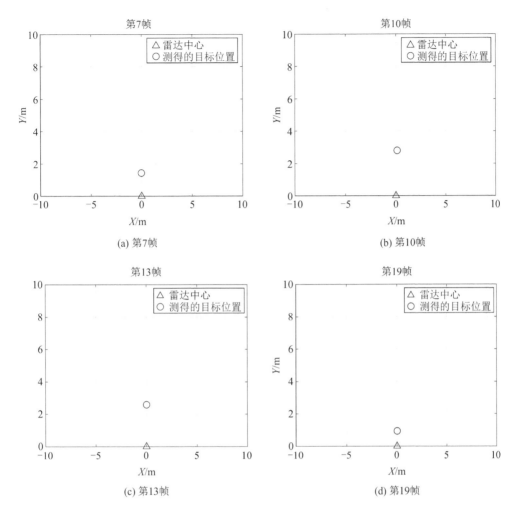

图 5 - 5　前后运动人员检测结果示例

　　利用前述测量方法,开展了运动人员的检测跟踪,观测环境如图 5 - 7 所示。观测回波中除有静态背景杂波外,还包括由周围环境和目标相互作用产生的多径效应。未进行轨迹追踪的观测结果如图 5 - 8 所示。可以看出,各帧检测到的目标空间位置存在不连续的现象,在场景中跳变。应用轨迹追踪后的观测结果如图 5 - 9 所示,目标位置在观测场景中变化较为平滑。

　　从图 5 - 8 和图 5 - 9 所示的结果可以看出,轨迹追踪有效抑制了多径效应对运动目标探测的影响,目标运动轨迹合理且完整。但可以看出,对于人体在四个转角处拐弯的时候,由于人体运动速度较小,回波较弱,很容易被静态滤波滤掉。如果不进行轨迹追踪,很可能会受到远距离多径回波的干扰,导致出现非目标位置的情况。采用轨迹追踪就可以避免这种情况的发生。

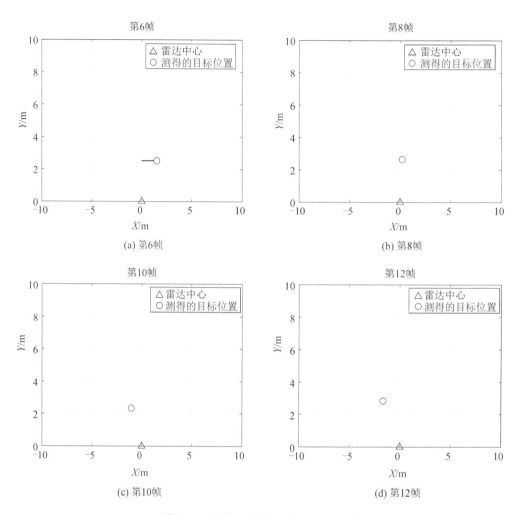

图 5 - 6　左右运动人员检测结果示例

图 5 - 7　测量环境及人体运动展示

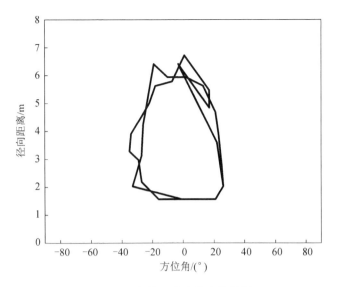

图 5 - 8 未使用追踪算法的效果

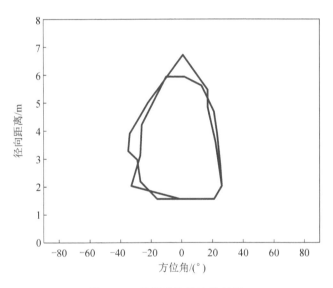

图 5 - 9 使用追踪算法的效果

5.2 手势识别

手势是人际交往中最自然也是最直接的方式,也已成为人机交互(human - computer interaction,HCI)的理想方案之一。目前,应用了手势识别技术的可穿戴传感器、基于计算机视觉的传感器等设备已经广泛用于机器人控制、手语识别、虚拟环境、游戏、驾驶辅助、智能家居、医疗康复等 HCI 领域。

手势包括静态手势和运动手势两种类型。静态手势通过具体手部形状表达特定含义。运动手势则是通过手指、手掌、手臂等部位的不同物理运动组合表示特定含义。为了实现基于手势的人机交互,需要采用传感设备获取手势基本信息,进而根据预先设定的手势含义,确定当前所观测到的手势要表达的内容。

手势识别的感知技术有以下四类:计算机视觉技术、超声波技术、微波技术和毫米波雷达技术。基于计算机视觉的手势识别会获取人的身体或面部信息,隐私性差,并且体积、成本、功耗均较高。基于超声波技术的手势识别对于目标的分辨性能较差,而且温度对此项技术影响较大。微波频段目前已经几乎被全部占据,且微波技术也面临传感器尺寸小、测量分辨率高等挑战,因此微波技术并非一个理想的手势识别实现方案。毫米波雷达工作的频率较高,且波长为毫米级别,能够获得较高的测量精度,从而能够分辨运动幅度小的动作;信号在传输过程中,不会被某些材料所阻挡,随着集成电路工艺的发展,雷达芯片体积也较小;不过,毫米波雷达信号在空气中容易衰减,因此它经常用于短距离目标的探测;具有私密性强、环境适应性好、易于嵌入和低成本等优势。因此,毫米波雷达是实现运动手势识别的一个优选方案。

按照手势动作的幅度大小,可以将手势分为粗粒度手势和微动手势。目前,基于雷达的手势识别在硬件和算法上都有了进一步的发展,但是微动手势的精确识别是手势识别领域一直以来的挑战。随着智能手机、智能手表等移动设备的小型化,手指在屏幕上输入逐渐变得麻烦;另外,当人们要用手势识别去控制近距离的智能设备时,相比于大幅度的运动手势,微动手势无疑是更好的选择。目前基于雷达的手势识别主要集中于大幅度运动手势,对于微动手势的研究较少。微动手势动作主要依赖于手指及关节的运动,其运动幅度小,运动时间短,因此传统的手势识别方法难以对微动手势进行精确分类。

目前,基于雷达的微动手势识别方法主要包括 3 个阶段:

① 手势检测,即确定每个手势的起始时间和结束时间;

② 特征提取,即原始的雷达数据经过处理得到距离、速度、角度特征;

③ 分类,用机器学习训练数据集,实现手势分类。

不过,将手势识别系统用于现实生活中仍然面临如下一些挑战:

① 系统要能够适应不同的环境;

② 人们表现手势的方式多种多样,即便是同一种手势,不同人的运动幅度和运动速度也会有所差异;

③ 连续手势之间难以分割;

④ 微动手势的运动幅度小、运动速度慢,这在一定程度上增加了特征提取的难度。

本实验采用毫米波雷达开展运动手势测量与识别,将毫米波雷达与具有实用价值的人机交互相联系,通过实验设计和实现进一步巩固和提升对雷达系统理论的理解和掌握。

1. 实验目的

① 熟练掌握并运用 LFMCW 雷达测距、测速、测角原理,实现运动手势参数特征的获取。

② 理解并掌握基于深度学习的 LFMCW 雷达运动手势识别处理流程,学会使用 LFMCW 雷达解决实际问题的方法。

2. 实验原理

基于线性调频连续波(linear frequency modulated continuous wave,LFMCW)毫米波雷达的手势识别系统主要由硬件设备部分和软件算法两部分构成。底层硬件设备主要实现雷达信号的收发控制、雷达回波信号的采集和存储以及雷达回波信号的传输等功能,上层软件算法主要实现对雷达信号的预处理、雷达目标的检测、目标特征的提取和分类识别以及输出分类识别的结果等功能。

整体的手势识别系统框架的结构如图 5 – 10 所示。

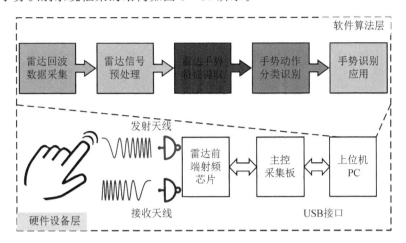

图 5 – 10   手势识别系统结构

雷达板卡首先通过发射天线发射电磁波信号,发射出的一部分电磁波信号在遇到手势目标时发生反射,经过反射后的一部分电磁波信号进入雷达板卡的接收天线中,经过雷达前端射频芯片内部一系列的处理,包括混频、滤波、自动增益控制等,输出解调后的雷达回波中频模拟信号。

之后利用采集板卡的模拟数字转换器(analog to digital converter,ADC)采集雷达前端射频芯片输出的中频信号,通过通用串行总线(universal serial bus,USB)接口将采集到的雷达回波中频数据传输到上位机(personal computer,PC)中,利用计算机平台强大的计算能力运行软件算法。

计算机接收到采集板卡传输的数据后,经过一系列的预处理,整理接收到的雷达数据,按照每个 chirp 信号的时间长度和周期将其按照单一 chirp 信号切割后顺序排列。对预处理后的 chirp 信号进行一系列的初步计算,主要利用动目标显示(moving target indicator,MTI)和恒虚警检测(constant false – alarm rate,CFAR)的方法,检测手势动作的开始位置与结束位置,并从连续的雷达信号中分割出有效的手势动作,保存手势动作持续时间内的原始数据。

利用 2D – FFT 方法对手势动作持续时间内的原始数据进行处理,分别得到手势动作的距离、速度及角度信息。最后将得到的一个完整手势的距离、速度及角度随时间变化的图像序列作为后续分类识别系统的输入数据,利用深度学习方法,对提取的手势运动特征参数进行分类识别,得到分类识别后的手势动作结果,并用手势动作结果操控或控制计算机的应用示例,以上为整体的雷达手势识别系统的工作原理。

本手势识别系统采用线性调频信号的形式,以测量手势的距离、速度和角度。

3. 手势设计

人体手势运动过程模型如图 5 – 11 所示。可利用的参数包括距离、方位角、俯仰角、径向速度、散射截面。

由于雷达发射的波形信号遇到手后产生后向散射,信号功率被分散,雷达接收到的入射信号功率较小,实际测量过程中手势的目标散射截面变化不明显。若增加使用目标散射面积向量只会增加数据量而不会增加信息量,因此暂不考虑散射中心这一手势特征。

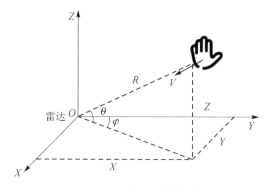

图 5-11 手势运动模型

根据手势的复杂程度,可将手势分为直线轨迹手势和复杂轨迹手势。直线轨迹手势直接根据轨迹求解参数进行识别,复杂轨迹手势则根据深度学习算法进行分类识别。

直线轨迹手势动作主要包括上、下、左、右、前进、后退 6 种手势;简单直线手势是日常生活中使用最多的手势。例如,不同的直线手势可以模拟用户在三维交互场景中的位移及画面切换操作(如电子地图的三维实时场景切换过程)。几种简单手势的详细运动过程如图 5-12所示。

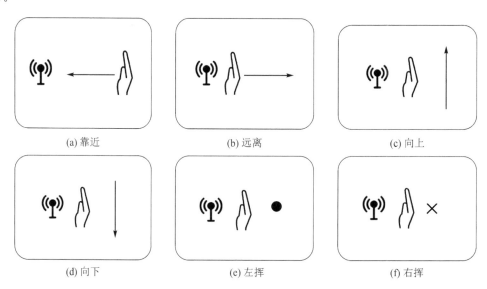

图 5-12 简单手势定义

对于复杂轨迹动作,考虑日常实用特性以及易于区分的特性,可以采用左右挥手、逆时针画圆、画对勾、画叉 4 种复杂手势。在实际应用中,左右挥手可以模拟来回切换文件视图,画圆则可以调整进度条或者音量,打勾和打叉则可以用来在某一场景下进行相应的逻辑判断。几种复杂手势的详细运动过程如图 5-13所示。

4. 手势数据集构建

近些年深度学习之所以能够在各行各业大放光彩,数据规模的不断增大是推动深度学习发展的一个重要因素。深度学习领域有一句真理名言:"取得成功的人不是拥有最好算法的人,而是拥有最多数据的人"。一个表现良好的深度学习网络需要大量的数据来对网络进行训

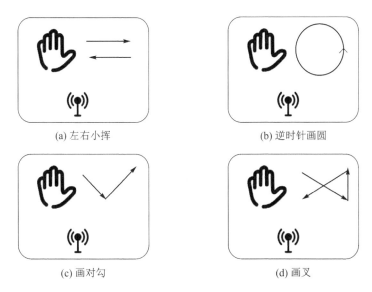

(a) 左右小挥　　　　　　　　　(b) 逆时针画圆

(c) 画对勾　　　　　　　　　　(d) 画叉

图 5-13　复杂手势定义

练,经过反向传播和梯度下降算法,不断地调整神经网络之间的参数,寻找损失函数的最小值,从而使得神经网络能够从大量的数据中去发现数据之间的规律。手势数据样本在采集的时候需要考虑人群的多样性,在手势真实分布的场景下,通过有限的采样数据使得深度学习算法具有一定的泛化能力。

由于毫米波雷达手势数据没有开源数据集,且在不同场景下的复杂手势具有特殊适用性,因此本实验需要进行手势数据集的采集。为了保证采集人群的多样性,尽可能采集不同年龄段、不同性别等人群的数据。并将手势数据集划分为三部分,即训练集、验证集与测试集。数据集的划分比例通常与数据集的规模有关,对于 1 万以下的小规模数据集,比较适合采用传统划分方式进行数据集的分割;对于大规模数据集来说,如 100 万的数据规模,则取 1％作测试集,1％作验证集。由于本节手势数据集没有开源样本作为支撑,数据规模量有限,因此本节训练集、验证集、测试集的比例采用 6:2:2 划分。

5. 手势识别实现

(1) 手势识别方案设计

根据运动手势轨迹的复杂程度,可以采用如下不同的方法。

① 对于简单的线性运动手势,采用运动轨迹求解参数的方法直接求解得出结果。对于复杂的运动手势,直接解参数会发生混淆现象,因此采用深度学习算法,从速度、距离、角度三个维度去求解具体的手势轨迹。

② 对于复杂手势,可以基于手势三维空间中的运动轨迹信息进行手势判断。在此基础上,可以根据实际任务需求去定制化识别指定手势,以完成在不同场景下的交互需求。

因此,本实验基于 LFMCW 雷达测量的运动手势识别方案如图 5-14 所示。

(2) 卷积神经网络

卷积神经网络(convolutional neural networks,CNN)是一类包含卷积计算且具有深度结构的前馈神经网络(feedforward neural networks,FNN),是深度学习中应用最广泛的算法之一。

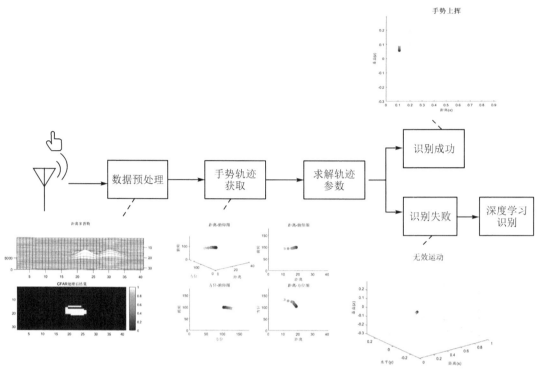

图 5 - 14　手势识别方案设计

卷积神经网络主要有两个优势：

① 参数共享，在一幅图像中，如果发现用一个过滤器适用于图像的某一个区域，那么它也有可能适用于图像的其他相似部分，因此每个卷积核模块可以将同样的参数应用到图片的相似部分，来对公共的特征进行提取。

② 稀疏连接，每一个过滤器的输出都只依赖于它检测的某一小块区域，图像其他像素值都不会对该输出产生影响。神经网络可以利用上述机制来减少参数，这样就减少训练集的规模，同时可以减少过拟合现象的产生。

卷积神经网络对手势数据的学习主要集中在对手势频谱图像中手势运动轨迹的轮廓、边缘、颜色等信息进行特征提取。

卷积神经网络的结构主要由 3 部分构成，分别为输入层、卷积池化层和输出层。其中输入层可以处理多维数据，通常将输入以向量的形式表示。网络在进行梯度下降迭代的期间，会将损失函数降到最小。为了让梯度下降过程无论在哪个特征维度上都能够快速地找到损失函数的最小值，通常需要对输入特征进行标准化处理，确保所有的特征值都保持在相似范围内；有利于加快梯度下降的过程。

卷积池化层是卷积神经网络中的核心部分，卷积层部分负责对输入的向量进行特征提取，卷积核的每一个元素都包含了一个权重系数和偏置量，这两个参数在网络学习过程中不断更新。另外，卷积层的超参数包括卷积核大小、移动步长和填充系数，需要在网络训练之前设定好。卷积层后一般使用 Relu 作为激活函数。

在一般信号处理中，卷积计算表示为

$$s(t) = \int x(a)w(t-a)\mathrm{d}a \tag{5-10}$$

由于历史原因,神经网络中的卷积实现称为互相关函数(cross - correlation),和卷积运算几乎一样但是并没有对核进行翻转:将一张二维图像 I 作为输入,使用二维的核函数 K 对它进行卷积运算(见图 5 - 15),其计算过程为

$$S(i,j) = (I * K)(i,j) = \sum_m \sum_n I(i+m, j+n)K(m,n) \tag{5-11}$$

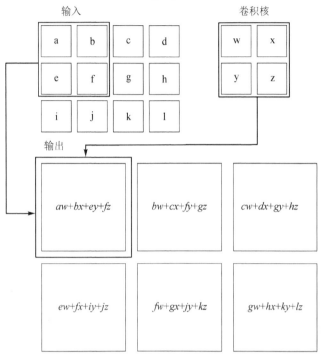

图 5 - 15　卷积运算过程

卷积神经网络中除了卷积层,通常在通过卷积层进行特征提取后,还会使用池化层来对模型规模进行压缩,以此来提高整体计算速度和系统的鲁棒性。常用池化包括最大池化及平均池化,其计算过程如图 5 - 16 所示。

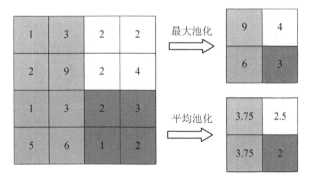

图 5 - 16　池化过程

池化层的作用是使卷积网络具备局部的平移不变性,所谓平移不变性指的是当输入数据的某一特征在空间上发生少量平移时,池化过程能够使特征平移后和特征平移前的输出表示近似不变。网络在运算过程中,只需要关注某一种特征是否出现在图像中即可,而不用去刻意

考虑它出现的位置,平移不变性具有显著的作用。例如,在探测 4×4 大小的区域内,该区域可以看作是有些特征的集合,如果区域内数字较大,则可认为可能探测到了某些特定的特征。然而,其他探测区域数字较小,可能是没有探测到具体特征值。最大池化的作用是只要在区域内探测到了某种特征值,它都会保留在最大池化的输出中,如果某区域不存在该特征,那么其最大值也还是会很小。另外,从数学的角度理解,池化过程也可以看作是增加了无限强的先验,即该层网络具有局部平移不变性,该假设成立时,池化可以提高网络的统计效率。

最后是输出层,在卷积神经网络中,通常是将卷积池化后的结果放入全连接层,随后在全连接层后跟上一个输出层。卷积神经网络模块的输出层的结构和工作原理和传统的前馈神经网络的输出层相同。本实验涉及多种复杂手势,是一个多分类任务。因此,选择 Softmax 函数作为神经网络的输出层。

(3)手势识别网络构建

本实验复杂手势轨迹具有距离、速度、角度三个维度的信息,因此需要三个通道的卷积神经网络,从这三个维度出发分别对手势运动信息进行特征提取。由此可获得输入规模较小的高维度手势运动特征,然后通过特征融合模块,将三通道输出的手势高维度特征进行整合,整合后的向量就包含了手势运动的完整信息,最后通过全连接神经网络和 Softmax 分类器完成手势的分类任务。

对于图 5 - 13 所示的 4 种复杂手势的运动信息进行提取,提取结果如图 5 - 17 所示。

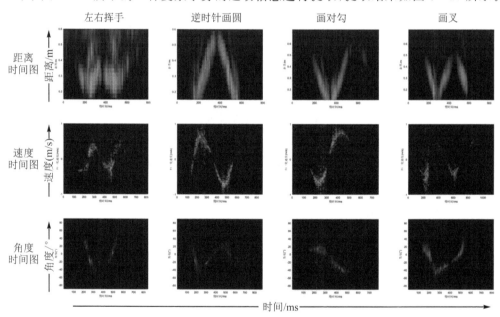

图 5 - 17 复杂手势信息提取

本实验可以采用基于三通道卷积神经网络的手势识别算法,从距离、速度、角度三个维度来对手势运动进行特征提取,并对手势进行识别分类。三通道卷积神经网络可分为 3 大部分:卷积神经网络提取模块、多通道特征融合模块、预测输出模块。

卷积神经网络部分以图 5 - 18 所示的 LeNet - 5 网络为基础,将激活函数由 sigmoid 激活函数改为 Relu 激活函数,以解决梯度消失的问题;池化部分由平均池化改为最大池化,最大池化相较于平均池化能够最大限度地减少参数误差造成均值上的偏移,可以保留较多的手势运动纹理信息,而手势运动轨迹中的纹理信息往往成为区分不同手势的关键。

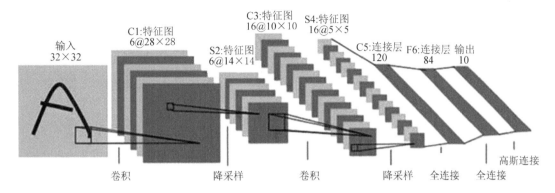

图 5 - 18 LeNet - 5 网络结构

本实验可以采用基于卷积神经网络的手势识别的网络架构设计,如图 5 - 19 所示。三通道卷积神经网络每一个通道的输入是二维的图像数据,每个通道都包含了两层卷积池化结构,由于输入数据经过了均值归一化的处理,因此每个通道间的卷积核维度和超参数设置都是一致的,减少了网络的复杂程度。三个通道间的数据进行高维度特征提取后,需要将三个通道的数据融合在一起。经过特征融合模块,得到了一个全新的融合了手势距离、速度、角度手势特征信息的特征向量,接下来可以直接通过全连接神经网络对手势进行识别分类。全连接输出模块包含两层,经过全连接网络后,最后在全连接网络的输出层,将输出分类器改为维度为 4 的 Softmax 分类器,对应区分 4 种不同的复杂手势。

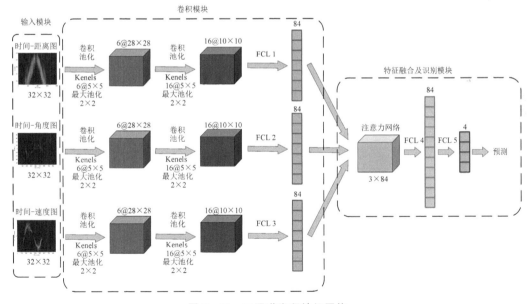

图 5 - 19 三通道卷积神经网络

6. 实验结果示例

本例采用的手势数据集包含 15 个受试者的手势数据,每人采集 200 组手势数据,总共 3 000 组。由于该手势数据集规模有限,因此训练集、验证集、测试集的比例采用 6∶2∶2 划分。基于三通道卷积神经网络算法框架得到了训练集准确率与验证集准确率的变化曲线和训练集损失函数及验证集损失函数的变化曲线图,结果如图 5 - 20 所示。

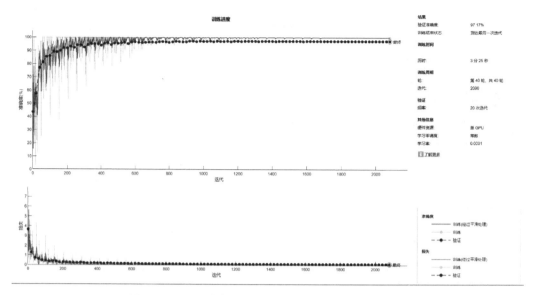

图 5 - 20 三通道卷积网络正确率及损失函数训练过程

从图 5 - 20 中可以看出,三通道卷积网络算法对 4 种复杂手势的识别分类具有较好的识别率,训练集和验证集随着网络的训练逐渐收敛,验证集的准确度最终达到 97.17%。测试集的混淆矩阵如图 5 - 21 所示。

	1	2	3	4		
1	131	1	1	1	97.8%	2.2%
2	3	136	1	1	96.5%	3.5%
3		4	125	3	94.7%	5.3%
4	1	2	1	153	97.5%	2.5%
	97.0%	95.1%	97.7%	96.8%		
	3.0%	4.9%	2.3%	3.2%		
	1	2	3	4		

真实类 / 预测类

图 5 - 21 测试集混淆矩阵

模型对于包含 560 组数据左右的测试集混淆矩阵如图 5 - 21 所示,由图可知本例所采用的基于三通道卷积神经网络的手势识别算法能很好地识别涉及的 4 种复杂手势,其测试准确率为 96.63%。实验结果表明,三通道卷积网络对 4 种复杂手势都具有良好的识别准确率,对 4 种手势都起到了一致的识别效果。

第6章 实验报告示例

6.1 毫米波雷达测距实验报告

学号_____ 姓名_____ 日期_____

1. 雷达距离分辨率实验

a) 实验目的(略)

b) 实验原理(略)

c) 理论计算(6分)

① 已知雷达系统带宽 B 为 2.527 5 GHz,则用该雷达进行测距时,其距离分辨率为_____ m。

② 若要提高距离分辨率至 0.02 m,雷达系统带宽应至少为_____ Hz。

d) 实验测量(18分)

(1) 单目标场景目标主瓣宽度与带宽、窗函数的关系

单目标的雷达回波时域波形和 HRRP 如图 6-1~图 6-3 所示,实验场景中,单目标 HRRP 主瓣的 3 dB 宽度测量记录如表 6-1 所列。

(时域波形图)

图 6-1 单目标场景雷达回波时域波形

| (HRRP 图) | (HRRP 图) | (HRRP 图) |
| (a) 矩形窗 | (b) 海明窗 | (c) 凯撒窗 |

图 6-2 单目标全带宽一维距离像

图 6-3　单目标矩形窗时部分带宽一维距离像

表 6-1　距离分辨率实验数据记录表 A

序　号	记录内容			测量结果
1	三面角反射器到雷达距离/m			
	时域截取比例	数据长度	窗函数	目标主瓣 3 dB 宽度/m
2	1:1	256	矩形窗	
3	1:1	256	海明窗	
4	1:1	256	凯撒窗	
5	1:2	128	矩形窗	
6	1:4	64	矩形窗	

（2）两目标场景测量结果

场景中两目标的位置如图 6-4 所示。两目标场景的雷达回波时域波形和 HRRP 如图 6-5～图 6-6 所示,其中双目标场景中与数据长度和窗函数组合对应的目标 1 和目标 2 距离测量结果如表 6-2 所列。

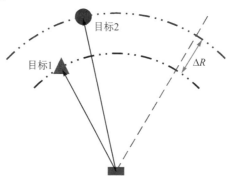

图 6-4　测距分辨率实验两目标空间位置

图 6-5　两目标场景雷达回波时域波形

（HRRP 图） （a）全带宽矩形窗	（HRRP 图） （b）全带宽海明窗
（HRRP 图） （c）1/2 带宽海明窗	（HRRP 图） （d）1/4 带宽海明窗

图 6－6　两目标场景一维距离像

表 6－2　距离分辨率实验数据记录表 B

序　　号	记录内容			测量结果	
1	三面角反射器到雷达距离/m				
2	金属球到雷达距离/m				
	截取比例	数据长度	窗函数	目标 1 距离/m	目标 2 距离/m（若可分辨）
2	1:1	256	矩形窗		
3	1:1	256	海明窗		
4	1:2	128	海明窗		
5	1:4	64	海明窗		

e）实验分析（6 分）

① 雷达距离分辨率取决于哪些因素？对于 LFMCW 雷达,如何提高距离分辨能力？

② 从理论关系式可以看出,距离分辨率仅取决于雷达发射信号带宽。试分析当雷达带宽为 375 MHz 时,下述两个场景观测结果的差异。

（a）两个径向上距离间隔为 40 cm,直径均为 20 cm 的金属球；

（b）两个径向上距离间隔为 40 cm,直径分别为 10 cm 和 20 cm 的金属球。

2. 雷达测距精度实验

a）实验目的（略）

b）实验原理（略）

c）理论计算（3 分）

已知目标 RCS 为 0.007 9 m^2,位于 2 m 处,雷达带宽为 2.527 5 GHz,回波信噪比为 20 dB,则根据测距精度公式可计算出理论上的雷达测距精度为＿＿＿＿＿＿ m。

d）实验测量（21 分）

（1）三面角反射器测距精度实验

三面角反射器的雷达回波时域波形和 HRRP 如图 6-7～图 6-8 所示，对于三面角反射器的测距精度数据记录如表 6-3 所列。

（时域波形图） （a）第一次	（时域波形图） （b）第二次	（时域波形图） （c）第三次

图 6-7　三面角反射器雷达回波时域波形

（HRRP 图） （a）第一次全带宽	（HRRP 图） （b）第一次 1/2 带宽
（HRRP 图） （c）第二次全带宽	（HRRP 图） （d）第二次 1/2 带宽
（HRRP 图） （e）第三次全带宽	（HRRP 图） （f）第三次 1/2 带宽

图 6-8　三面角反射器一维距离像

（2）金属球测距精度实验

金属球的雷达回波时域波形和 HRRP 如图 6-9～图 6-10 所示，对于三面角反射器的测距精度数据记录如表 6-4 所列。

表 6 – 3　三面角反射器测距精度实验数据记录表

序　号	记录内容		测量结果			
1	雷达射频带宽/GHz					
2	距离分辨率/m					
3	三面角反射器距离/m					
	次　序		目标所在距离单元能量/J	噪声功率谱密度/(W·H$_2^{-1}$)	信噪比	测距精度/m
4	第一次测量	全带宽				
		1/2 带宽				
5	第二次测量	全带宽				
		1/2 带宽				
6	第三次测量	全带宽				
		1/2 带宽				

（时域波形图）	（时域波形图）	（时域波形图）
（a）第一次	（b）第二次	（c）第三次

图 6 – 9　金属球雷达回波时域波形

（HRRP 图）	（HRRP 图）
（a）第一次全带宽	（b）第一次 1/2 带宽
（HRRP 图）	（HRRP 图）
（c）第二次全带宽	（d）第二次 1/2 带宽
（HRRP 图）	（HRRP 图）
（e）第三次全带宽	（f）第三次 1/2 带宽

图 6 – 10　金属球一维距离像

表 6 - 4　金属球测距精度实验数据记录表

序　号	记录内容		测量结果			
1	雷达射频带宽/GHz					
2	距离分辨率/m					
3	三面角反射器距离/m					
	次序		目标所在距离单元能量/J	噪声功率谱密度/$(W \cdot H_2^{-1})$	信噪比	测距精度/m
4	第一次测量	全带宽				
		1/2 带宽				
5	第二次测量	全带宽				
		1/2 带宽				
6	第三次测量	全带宽				
		1/2 带宽				

e)实验分析(6分)

① 对于实验中的三面角反射器,当目标距离增加到 2 倍时,雷达测距精度为_____ m。

② 雷达测距精度取决于哪些因素?如何提高雷达测距精度?

3. 最大不模糊距离实验

a)实验目的(略)

b)实验原理(略)

c)理论计算(4分)

已知雷达系统的调频斜率为 79 MHz/ μs,采样率为 10 MHz,正交采样输出,则根据最大不模糊距离公式可计算出理论上的雷达最大不模糊距离为_____ m;若输出中频信号为实数,则雷达最大不模糊距离为_____ m。

d)实验测量(21分)

(1)雷达系统初始参数

最大不模糊距离实验中,配置的雷达系统初始参数如表 6 - 5 所列。

表 6 - 5　最大不模糊距离实验雷达系统参数记录表

序　号	参　　数	设置值
1	载频/GHz	
2	调频斜率/$(MHz \cdot \mu s^{-1})$	
3	调制周期/μs	
4	采样率/MHz	
5	单 chirp 有效采样点数	
6	有效带宽/GHz	
7	距离分辨率/m	

（2）采样间隔与最大不模糊距离的关系实验

对于被测目标，雷达回波时域波形如图 6 - 11 所示，从原始回波数据中，分别按照 1∶1，1∶2，1∶4 获得的采样数据进行傅里叶变换，得到的一维距离像如图 6 - 12 所示。基于一维距离像测量得到的目标距离等参数如表 6 - 6 所列。

（时域波形图）

图 6 - 11　雷达回波时域波形

（HRRP 图） （a）抽取比例 1∶1	（HRRP 图） （b）抽取比例 1∶2	（HRRP 图） （c）抽取比例 1∶4

图 6 - 12　一维距离像

表 6 - 6　最大不模糊距离实验数据记录表 A

序　号	1	2	3
调频斜率/(MHz·μs^{-1})			
原始采样率/MHz			
原始采样点数			
雷达射频带宽/GHz			
抽取比例	1∶1	1∶2	1∶4
抽取点数			
最大不模糊距离/m			
目标实际距离/m			
测量距离/m			

（3）调频斜率与最大不模糊距离的关系实验

对于被测目标，调整调频斜率分别为初始值的 3/4，1/2，1/4，测量得到的雷达回波时域波形如图 6 - 13 所示，对原始回波数据进行傅里叶变换，得到的一维距离像如图 6 - 14 所示。基于一维距离像测量得到的目标距离等参数如表 6 - 7 所列。

e）实验分析（5 分）

① 当 FMCW 雷达系统带宽不变，调频斜率增加到原来的 2 倍时，雷达最大不模糊距离变为原来的＿＿＿＿＿＿＿＿＿倍。

② 雷达最大不模糊距离取决于哪些因素？当目标距离超出雷达系统当前最大不模糊距

离时该如何处理?

（时域波形图） (a) 3/4 斜率	（时域波形图） (b) 1/2 斜率	（时域波形图） (c) 1/4 斜率

图 6 - 13　雷达回波时域波形

（HRRP 图） (a) 3/4 斜率	（HRRP 图） (b) 1/2 斜率	（HRRP 图） (c) 1/4 斜率

图 6 - 14　一维距离像

表 6 - 7　最大不模糊距离实验数据记录表 B

序　号	4	5	6
与初始调频斜率比例	3/4	1/2	1/4
调频斜率/(MHz·μs^{-1})			
初始采样率/MHz			
原始采样点数			
雷达射频带宽/GHz			
径向距离分辨率/m			
采样点抽取比例	1:1	1:1	1:1
抽取采样点数			
最大不模糊距离/m			
目标实际距离/m			
测量距离/m			

4. 雷达最大作用距离实验

a）实验目的(略)

b）实验原理(略)

c）理论计算(4 分)

① 已知雷达视线方向上发射功率 $P_tG_t=16$ dBmW、接收天线增益 G_r 为 10 dBi，中心频

率 77 GHz,系统射频带宽为 2.527 5 GHz,中频带宽 B_{IF} 为 10 MHz,目标 RCS 为 0.007 9 m^2,雷达系统等效噪声温度 T_e 为 300 K,噪声系数 F 为 14 dB。假定传输损耗 $L=6$ dB,若要求 $\text{SNR}_{\min}=13$ dB,则根据雷达方程计算出理论上的雷达作用距离为_____ m。

② 当发射功率增加为原来的 16 倍时,雷达最大作用距离变为原来的_____倍。

③ 当目标 RCS 减小为原来的 1/4 时,雷达最大作用距离变为原来的_____倍。

d) 实验测量(21 分)

(1) 雷达系统初始参数

最大作用距离实验中,配置的雷达系统初始参数如表 6 - 8 所列。

表 6 - 8　最大作用距离实验雷达系统参数记录表

序　号	记录内容	数　值
1	调频斜率/(Hz·s⁻¹)	
2	采样率/MHz	
3	原始采样点数	
4	雷达系统带宽/GHz	
5	最小可检测信噪比/dB	

(2) 带宽与最大作用距离的关系实验

对于被测目标,位于不同距离时的雷达回波时域波形如图 6 - 15 所示,采用全带宽数据获得的一维距离像如图 6 - 16 所示,而采用 1/2 带宽数据获得的一维距离像如图 6 - 17 所示。实验中基于全带宽和 1/2 带宽数据测量的目标距离、目标所在距离单元峰值幅度、目标区域外的噪声功率谱密度、最大作用距离等参数分别如表 6 - 9 和表 6 - 10 所列。

(时域波形图)

图 6 - 15　雷达回波时域波形

(HRRP 图)

图 6 - 16　全带宽一维距离像

（HRRP 图）

图 6 - 17 1/2 带宽一维距离像

表 6 - 9 三面角反射器时域数据截取比例 1:1 时测量及计算结果

序 号	时域数据截取比例	测量次数							
	1:1	1	2	3	4	5	6	7	8
1	激光测距仪测量目标到雷达距离/m								
2	一维距离像距离/m								
3	目标距离单元峰值幅度/dBW								
4	噪声功率谱密度/(dBW·Hz^{-1})								
5	雷达系统与目标的综合参数 $\Pi = \lg \dfrac{P_tG_tG_r\lambda^2\sigma}{(4\pi)^3L}$								
6	根据最大作用距离计算公式计算出最大作用距离/m								

表 6 - 10 三面角反射器时域数据截取比例 1:2 时测量及计算结果

序 号	时域数据截取比例	测量次数							
	1:2	1	2	3	4	5	6	7	8
1	激光测距仪测量目标到雷达距离/m								
2	一维距离像距离/m								
3	目标距离单元峰值幅度/dBW								
4	噪声功率谱密度/(dBW·Hz^{-1})								
5	雷达系统与目标的综合参数 $\Pi = \lg \dfrac{P_tG_tG_r\lambda^2\sigma}{(4\pi)^3L}$								
6	根据最大作用距离计算公式计算出最大作用距离/m								

（3）目标 RCS 与最大作用距离的关系实验

将目标更换为金属球后，位于不同距离时的雷达回波时域波形如图 6 - 18 所示，采用全带宽数据获得的一维距离像如图 6 - 19 所示。实验中基于全带宽数据测量的目标距离、目标所在距离单元峰值幅度、目标区域外的噪声功率谱密度、最大作用距离等参数分别如表 6 - 11 所列。

e）实验分析（5 分）

① 雷达作用距离取决于哪些因素？如何提高雷达作用距离？简述理由。

② 雷达最大作用距离与最大不模糊距离的区别是什么？两者分别与哪些因素有关？

（时域波形图）

图 6-18　目标 2 雷达回波时域波形

（HRRP 图）

图 6-19　目标 2 全带宽一维距离像

表 6-11　金属球时域数据截取比例 1∶1 时测量及计算结果

序　号	时域数据截取比例	测量次数							
	1∶1	1	2	3	4	5	6	7	8
1	激光测距仪测量目标到雷达距离/m								
2	一维距离像距离/m								
3	目标距离单元峰值幅度/dBW								
4	噪声功率谱密度/(dBW·Hz^{-1})								
5	雷达系统与目标的综合参数 $\Pi = \lg \dfrac{P_t G_t G_r \lambda^2 \sigma}{(4\pi)^3 L}$								
6	根据最大作用距离计算公式计算出最大作用距离/m								

6.2　毫米波雷达测速实验报告

学号_____　　　姓名_____　　　日期_____

1. 雷达测速原理实验

a) 实验目的（略）

b) 实验原理（略）

c) 理论计算（2分）

已知 LFMCW 雷达的中心频率为 77 GHz，目标的径向运动速度为 0.2 m/s，则该目标雷达回波信号的多普勒频率应为 <u>102.7</u> Hz。

解释：由目标运动引起的雷达回波信号中的多普勒频移 f_D 为

$$f_{\mathrm{D}} = -2\,\frac{f_0 v}{c} \quad (f_0 = 77\ \mathrm{GHz})$$

d) 实验测量(22分)

(1) 雷达系统初始参数

测速原理实验中,配置的雷达系统初始参数如表6-12所列。

表 6-12　测速原理实验雷达系统参数记录表

序　号	记录内容	数　值
1	载频/Hz	
2	调频斜率/($\mathrm{Hz\cdot s^{-1}}$)	
3	调制周期/μs	
4	采样率/MHz	
5	单 chirp 有效采样点数	
6	有效带宽/GHz	
7	距离分辨率/m	

(2) 单目标实验

对于单个轻质金属圆柱体目标,旋转半径为 0.3 m,步进电机转速为 50 r/s,每帧积累周期数为 64,观测 512 帧数据时,雷达回波时域波形如图 6-20 所示,距离-速度图如图 6-21 所示。由各帧获得的时间-速度曲线如图 6-22 所示。实验测量的目标运动参数如表 6-13 所列。

(时域波形图)

图 6-20　第 X 帧雷达回波时域波形

(RVM 图)

图 6-21　第 X 帧距离-速度图

（T‑V 图）

图 6‑22　时间‑速度曲线

表 6‑13　测速原理实验数据记录 A

序　号	记录内容	测量结果
1	激光测距仪测量步进电机中心到雷达距离/m	
2	设定的目标旋转半径/m	
3	设定的步进电机转速/($r \cdot s^{-1}$)	
4	预期的目标最大径向速度/($m \cdot s^{-1}$)	
5	预期的最大多普勒频率/Hz	
6	设定的单帧积累调频周期数	
7	测量的最大多普勒频率/Hz	
8	测量的目标最大径向速度/($m \cdot s^{-1}$)	
9	测量的步进电机转速/($r \cdot s^{-1}$)	
10	测量的目标旋转半径/m	

（3）转速调整实验

对于单个轻质金属圆柱体目标，旋转半径为 0.3 m，步进电机转速为 25 r/s，每帧积累周期数为 64，观测 512 帧数据时，雷达回波时域波形如图 6‑23 所示，距离‑速度图如图 6‑24 所示。由各帧获得的时间‑速度曲线如图 6‑25 所示。实验测量的目标运动参数如表 6‑14 所列。

（时域波形图）

图 6‑23　第 X 帧雷达回波时域波形

（RVM 图）

图 6‑24　第 X 帧距离‑速度图

（T - V 图）

图 6 - 25　时间-速度曲线

表 6 - 14　测速原理实验数据记录 B

序　号	记录内容	测量结果
1	激光测距仪测量步进电机中心到雷达距离/m	
2	设定的目标旋转半径/m	
3	设定的步进电机转速/(r·s⁻¹)	
4	预期的目标最大径向速度/(m·s⁻¹)	
5	预期的最大多普勒频率/Hz	
6	设定的单帧积累调频周期数	
7	测量的最大多普勒频率/Hz	
8	测量的目标最大径向速度/(m·s⁻¹)	
9	测量的步进电机转速/(r·s⁻¹)	
10	测量的目标旋转半径/m	

（4）旋转半径调整实验

对于单个轻质金属圆柱体目标,旋转半径为 0.5 m,步进电机转速为 50 r/s,每帧积累周期数为 64,观测 512 帧数据时,雷达回波时域波形如图 6 - 26 所示,距离-速度图如图 6 - 27 所示。由各帧获得的时间-速度曲线如图 6 - 28 所示。实验测量的目标运动参数如表 6 - 15 所列。

（时域波形图）

图 6 - 26　第 X 帧雷达回波时域波形

（RVM 图）

图 6 - 27　第 X 帧距离-速度图

```
(T-V 图)
```

图 6-28 时间-速度曲线

表 6-15 测速原理实验数据记录 C

序 号	记录内容	测量结果
1	激光测距仪测量步进电机中心到雷达距离/m	
2	设定的目标旋转半径/m	
3	设定的步进电机转速/(r·s^{-1})	
4	预期的目标最大径向速度/(m·s^{-1})	
5	预期的最大多普勒频率/Hz	
6	设定的单帧积累调频周期数	
7	测量的最大多普勒频率/Hz	
8	测量的目标最大径向速度/(m·s^{-1})	
9	测量的步进电机转速/(r·s^{-1})	
10	测量的目标旋转半径/m	

e) 实验分析(6 分)

① 对于实验采用的雷达系统,假设目标旋转半径为 0.3 m,旋转速度为 1 r/s 时,最大多普勒频率为 967.6 Hz;当目标旋转半径增加为原来的 2 倍时,最大多普勒频率为 1 935.2 Hz。

解释:多普勒频移 f_D 计算公式 $f_{D,max}=-2\dfrac{f_0 v_{t,max}}{c}=-2\dfrac{f_0 r\cdot\Omega}{c}$, $f_0=77$ GHz, $\Omega=2\pi\dfrac{rad}{s}$, $r_1=0.3$ m, $v_{1m}=\dfrac{1.885m}{s}$, $fd_{1m}=967.6$ Hz; $r_2=0.3$ m, $v_{2m}=3.768$ m/s, $fd_{2m}=1\ 935.2$ Hz

② 多普勒频率取决于哪些因素?

解释:由 $f_D=-2\dfrac{f_0 v}{c}$ 得,影响多普勒频率的有雷达载频 f_0 和目标相对雷达移动速度 v。

2. 雷达测速分辨率实验

a) 实验目的(略)

b) 实验原理(略)

c) 理论计算(2 分)

对于 77 GHz 的 LFMCW 雷达,若发射信号重复周期 T_c 为 110 μs,速度测量中每帧积累的 chirp 数为 16 个,计算毫米波雷达的速度分辨率为 1.08 m/s。

解释:LFMCW 雷达回波信号的频率分辨率 δ_f 取决于观测帧内积累的 chirp 周期个数

N_{chirp},即

$$\delta_f = \frac{1}{T_c \cdot N_{\text{chirp}}}$$

从而可得速度分辨率 δ_v 为

$$\delta_v = \frac{\lambda}{2}\delta_f = \frac{\lambda}{2T_c} \cdot \frac{1}{N_{\text{chirp}}} = \frac{\lambda}{2T_{\text{frame}}}$$

式中,T_{frame} 为观测帧积累的时间长度。

d)实验测量(24分)

(1)雷达系统初始参数

测速分辨率实验中,配置的雷达系统的初始参数如表 6-16 所列。

表 6-16 测速分辨率实验雷达系统参数记录表

序　号	记录内容	数　值
1	载频/Hz	
2	调频斜率/(Hz·s^{-1})	
3	调制周期/μs	
4	采样率/MHz	
5	单 chirp 有效采样点数	
6	有效带宽/GHz	
7	距离分辨率/m	

(2)双目标实验

对于两个轻质金属圆柱体目标,旋转半径分别为 0.3 m,0.5 m,步进电机转速为 50 r/s,每帧积累周期数为 64,观测 512 帧数据时,雷达回波时域波形如图 6-29 所示,距离-速度图如图 6-30 所示。由各帧获得的时间-速度曲线如图 6-31 所示。实验测量的目标运动参数如表 6-17 所列。

（时域波形图）

图 6-29 配置 1 第 X 帧雷达回波时域波形

（RVM 图）

图 6-30 配置 1 第 X 帧距离-速度图

(*T*−*V*图)

图 6−31　配置 1 时间−速度曲线

表 6−17　测速分辨率实验数据记录 A

序　号	记录内容	测量结果
1	设定的单帧积累调频周期数	
2	理论径向速度分辨率/(m·s⁻¹)	
3	激光测距仪测量步进电机中心到雷达距离/m	
4	设定的目标 1 旋转半径/m	
5	设定的目标 2 旋转半径/m	
6	设定的步进电机转速/(r·s⁻¹)	
7	预期的目标 1 最大径向速度/(m·s⁻¹)	
8	预期的目标 2 最大径向速度/(m·s⁻¹)	
9	预期的目标 1 最大多普勒频率/Hz	
10	预期的目标 2 最大多普勒频率/Hz	
11	测量的目标 1 最大多普勒频率/Hz	
12	测量的目标 2 最大多普勒频率/Hz	
13	测量的目标 1 最大径向速度/(m·s⁻¹)	
14	测量的目标 2 最大径向速度/(m·s⁻¹)	
15	由目标 1 测量结果获得的步进电机转速/(r·s⁻¹)	
16	由目标 2 测量结果获得的步进电机转速/(r·s⁻¹)	
17	测量的目标 1 旋转半径/m	
18	测量的目标 2 旋转半径/m	

（3）积累时间与速度分辨率的关系实验。

对于两个轻质金属圆柱体目标，旋转半径分别为 0.3 m，0.5 m，步进电机转速为 50 r/s，每帧积累周期数为 32，观测 1 024 帧，以及积累周期数为 16，观测 2 048 帧数据时，雷达回波时域波形如图 6−32 所示，距离−速度图如图 6−33 所示。由各帧获得的时间−速度曲线如图 6−34 所示。实验测量的目标运动参数如表 6−18 所列。

(时域波形图) (a) 32,1 024	(时域波形图) (b) 16,2 048

图 6-32　雷达回波时域波形

(RVM 图) (a) 32,1 024	(RVM 图) (b) 16,2 048

图 6-33　距离-速度图

(T-V 图) (a) 32,1 024	(T-V 图) (b) 16,2 048

图 6-34　时间-速度曲线

表 6-18　测速分辨率实验数据记录 B

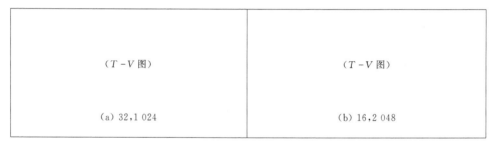

序　号	记录内容	测量结果	
1	设定的单帧积累调频周期数		
2	理论径向速度分辨率/(m·s^{-1})		
3	激光测距仪测量步进电机中心到雷达距离/m		
4	设定的目标 1 旋转半径/m		
5	设定的目标 2 旋转半径/m		
6	设定的步进电机转速/(r·s^{-1})		
7	预期的目标 1 最大径向速度/(m·s^{-1})		
8	预期的目标 2 最大径向速度/(m·s^{-1})		
9	预期的目标 1 最大多普勒频率/Hz		
10	预期的目标 2 最大多普勒频率/Hz		

序　号	记录内容	测量结果	
11	测量的目标 1 最大多普勒频率/Hz		
12	测量的目标 2 最大多普勒频率/Hz		
13	测量的目标 1 最大径向速度/(m·s^{-1})		
14	测量的目标 2 最大径向速度/(m·s^{-1})		
15	由目标 1 测量结果获得的步进电机转速/(r·s^{-1})		
16	由目标 2 测量结果获得的步进电机转速/(r·s^{-1})		
17	测量的目标 1 旋转半径/m		
18	测量的目标 2 旋转半径/m		

（4）不同目标旋转半径的速度测量

对于两个轻质金属圆柱体目标,旋转半径分别为 0.4 m、0.5 m,和 0.1 m、0.5 m 时,雷达回波时域波形如图 6 - 35 所示,距离-速度图如图 6 - 36 所示。由各帧获得的时间-速度曲线如图 6 - 37 所示。实验测量的目标运动参数如表 6 - 19 所列。

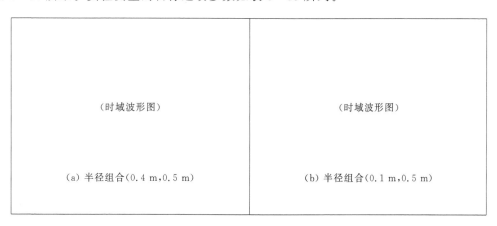

图 6 - 35　雷达回波时域波形

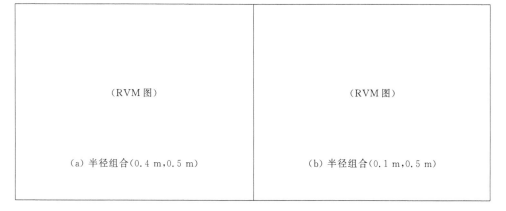

图 6 - 36　距离-速度图

$(T-V$ 图)		$(T-V$ 图)
(a) 半径组合(0.4 m,0.5 m)		(b) 半径组合(0.1 m,0.5 m)

图 6-37 时间-速度曲线

表 6-19 测速分辨率实验数据记录 C

序 号	记录内容	测量结果	
1	设定的单帧积累调频周期数		
2	理论径向速度分辨率/(m·s^{-1})		
3	激光测距仪测量步进电机中心到雷达距离/m		
4	设定的目标 1 旋转半径/m		
5	设定的目标 2 旋转半径/m		
6	设定的步进电机转速/(r·s^{-1})		
7	预期的目标 1 最大径向速度/(m·s^{-1})		
8	预期的目标 2 最大径向速度/(m·s^{-1})		
9	预期的目标 1 最大多普勒频率/Hz		
10	预期的目标 2 最大多普勒频率/Hz		
11	测量的目标 1 最大多普勒频率/Hz		
12	测量的目标 2 最大多普勒频率/Hz		
13	测量的目标 1 最大径向速度/(m·s^{-1})		
14	测量的目标 2 最大径向速度/(m·s^{-1})		
15	由目标 1 测量结果获得的步进电机转速/(r·s^{-1})		
16	由目标 2 测量结果获得的步进电机转速/(r·s^{-1})		
17	测量的目标 1 旋转半径/m		
18	测量的目标 2 旋转半径/m		

(5) 改变转速的速度测量

对于两个轻质金属圆柱体目标,旋转半径分别为 0.3 m,0.5 m,步进电机转速为 15 r/s,每帧积累周期数为 64,观测 512 帧数据时,雷达回波时域波形如图 6-38 所示,距离-速度图如图 6-39 所示。由各帧获得的时间-速度曲线如图 6-40 所示。实验测量的目标运动参数如表 6-20 所列。

（时域波形图）

图 6 - 38　第 X 帧雷达回波时域波形

（RVM 图）

图 6 - 39　第 X 帧距离-速度图

（$T - V$ 图）

图 6 - 40　时间-速度曲线

表 6 - 20　测速分辨率实验数据记录 D

序　号	记录内容	测量结果
1	设定的单帧积累调频周期数	
2	理论径向速度分辨率/$(m \cdot s^{-1})$	
3	激光测距仪测量步进电机中心到雷达距离/m	
4	设定的目标 1 旋转半径/m	
5	设定的目标 2 旋转半径/m	
6	设定的步进电机转速/$(r \cdot s^{-1})$	
7	预期的目标 1 最大径向速度/$(m \cdot s^{-1})$	
8	预期的目标 2 最大径向速度/$(m \cdot s^{-1})$	
9	预期的目标 1 最大多普勒频率/Hz	
10	预期的目标 2 最大多普勒频率/Hz	
11	测量的目标 1 最大多普勒频率/Hz	
12	测量的目标 2 最大多普勒频率/Hz	

序　号	记录内容	测量结果
13	测量的目标 1 最大径向速度/$(m \cdot s^{-1})$	
14	测量的目标 2 最大径向速度/$(m \cdot s^{-1})$	
15	由目标 1 测量结果获得的步进电机转速/$(r \cdot s^{-1})$	
16	由目标 2 测量结果获得的步进电机转速/$(r \cdot s^{-1})$	
17	测量的目标 1 旋转半径/m	
18	测量的目标 2 旋转半径/m	

e）实验分析（4 分）

① 根据理论计算结果，若要提高速度分辨率至当前的 2 倍，观测帧内积累的 chirp 调制周期个数应为 32 。

解释：由速度分辨率 δ_v 公式可得

$$\delta_v = \frac{\lambda}{2}\delta_f = \frac{\lambda}{2T_c} \cdot \frac{1}{N_{chirp}} = \frac{\lambda}{2T_{frame}}$$

得，增大 N_{chirp} 可使速度分辨率 δ_v 数值减小，即分辨率提升。

① LFMCW 雷达的速度分辨率取决于哪些因素？如何提高雷达的测速分辨能力？

解释：雷达速度分辨率的影响因素为观测帧积累的 chirp 调制周期个数 N_{chirp} 和 chirp 重复周期 T_c。可以通过增加单帧的 chirp 个数或 chirp 重复周期来提高雷达速度分辨能力。

3．雷达测速精度实验

a）实验目的（略）

b）实验原理（略）

c）理论计算（2 分）

已知 LFMCW 雷达中心频率为 77 GHz，LFM 信号周期为 110 μs，测速时积累 32 个周期，信噪比为 10 dB。计算此时毫米波雷达的测速精度为_____ m/s。

d）实验测量（21 分）

（1）雷达系统初始参数

测速精度实验中，配置的雷达系统初始参数如表 6 - 21 所列。

表 6 - 21　测速精度实验雷达系统参数记录表

序　号	记录内容	数　值
1	载频/Hz	
2	调频斜率/$(Hz \cdot s^{-1})$	
3	调制周期/μs	
4	采样率/MHz	
5	单 chirp 有效采样点数	
6	有效带宽/GHz	
7	距离分辨率/m	

（2）带宽与测速精度的关系实验

对于目标 1，实验测量的雷达时域回波如图 6-41 所示。chirp 快时间截取比例分别为 1∶1 和 1∶2，即全带宽和 1/2 带宽条件下的距离-速度图如图 6-42 所示。从各帧获得的信噪比曲线如图 6-43 所示。由实验测量得到的目标 1 测速精度数据如表 6-22 所列。

（时域波形图）

图 6-41　第 X 帧雷达回波时域波形

（RVM 图） （a）全带宽	（RVM 图） （b）1/2 带宽

图 6-42　第 X 帧距离-速度图

（SNR 曲线） （a）全带宽	（SNR 曲线） （b）1/2 带宽

图 6-43　各帧信噪比曲线

表 6-22　目标 1 测速精度实验数据 A

序　号	记录内容	数据记录
1	激光测距仪测量步进电机中心到雷达距离/m	
2	目标旋转半径/m	
3	设定的电机转速/$(r \cdot s^{-1})$	
4	目标最大径向速度/$(m \cdot s^{-1})$	

序　号	记录内容	数据记录					
5	调频重复周期/μs						
6	雷达中心频率/GHz						
7	积累信号周期数量	64					
8	速度分辨率/(m·s⁻¹)						
9	快时间截取比例	1:1			1:2		
10	雷达射频带宽/GHz						
11	距离分辨率/m						
12	次　序	第一次	第二次	第三次	第一次	第二次	第三次
	目标信号所在单元能量/J						
	噪声功率谱密度/(W·Hz⁻¹)						
	信噪比						
	测速精度/(m·s⁻¹)						
	各帧测速精度均值/(m·s⁻¹)						
	各帧测速精度方差/(m·s⁻¹)						

（3）帧周期与测速精度的关系实验

对于目标 1，实验测量中分别积累 32 个 chirp 和积累 16 个 chirp 的雷达时域回波如图 6－44 所示。两种帧周期条件下的距离-速度图如图 6－45 所示。从各帧获得的信噪比曲线如图 6－46 所示。由实验测量得到的目标 1 测速精度数据如表 6－23 所列。

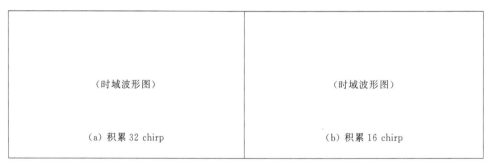

（a）积累 32 chirp　　　　　　　　　　　（b）积累 16 chirp

图 6－44　雷达回波时域波形

（a）积累 32 chirp　　　　　　　　　　　（b）积累 16 chirp

图 6－45　距离-速度图

图 6-46　各帧信噪比曲线

表 6-23　目标 1 测速精度实验数据 B

序　号	记录内容	数据记录					
1	激光测距仪测量步进电机中心到雷达距离/m						
2	目标旋转半径/m						
3	设定的电机转速/(r·s^{-1})						
4	目标最大径向速度/(m·s^{-1})						
5	调频重复周期/μs						
6	雷达中心频率/GHz						
7	积累信号周期数量	32			16		
8	速度分辨率/(m·s^{-1})						
9	快时间截取比例	1∶1			1∶1		
10	雷达射频带宽/GHz						
11	距离分辨率/m						
12	次　序	第一次	第二次	第三次	第一次	第二次	第三次
	目标信号所在单元能量/J						
	噪声功率谱密度/(W·Hz^{-1})						
	信噪比						
	测速精度/(m·s^{-1})						
	各帧测速精度均值/(m·s^{-1})						
	各帧测速精度方差/(m·s^{-1})						

（4）目标 RCS 与测速精度的关系实验

对于目标 2，实验测量的雷达时域回波如图 6-47（a）所示，对应的距离-速度图如图 6-47（b）所示。从各帧获得的信噪比曲线如图 6-48 所示。由实验测量得到的目标 2 测速精度数据如表 6-24 所列。

（时域波形图）	（RVM图）
（a）时域波形	（b）距离-速度

图 6-47　第 X 帧雷达回波

（SNR曲线）

图 6-48　各帧信噪比曲线

表 6-24　目标 2 测速精度实验数据

序　号	记录内容	数据记录		
1	激光测距仪测量步进电机中心到雷达距离/m			
2	目标旋转半径/m			
3	设定的电机转速/(r·s⁻¹)			
4	目标最大径向速度/(m·s⁻¹)			
5	调频重复周期/μs			
6	雷达中心频率/GHz			
7	积累信号周期数量	64		
8	速度分辨率/(m·s⁻¹)			
9	快时间截取比例	1:1		
10	雷达射频带宽/GHz			
11	距离分辨率/m			
12	次　序	第一次	第二次	第三次
	目标信号所在单元能量/J			
	噪声功率谱密度/(W·Hz⁻¹)			
	信噪比			
	测速精度/(m·s⁻¹)			
	各帧测速精度均值/(m·s⁻¹)			
	各帧测速精度方差/(m·s⁻¹)			

e）实验分析（7 分）

① 雷达测速精度取决于哪些因素？对于 LFMCW 雷达,如何提高雷达的测速精度？

② 理论上,若截取原始观测帧积累 chirp 个数的 1/2 用于速度测量,则雷达的测速精度将变为原来的_____倍。

③ 测速中,若要使雷达测速精度提升 2 倍,可采取哪些具体措施?

4. 雷达最大不模糊速度实验

a) 实验目的(略)

b) 实验原理(略)

c) 理论计算(2 分)

已知 LFMCW 雷达中心频率为 77 GHz,LFMCW 信号周期 T_c 为 110 μs,则用于复杂场景测量时,该毫米波雷达的最大不模糊速度为 <u>8.85</u> m/s。

解释:在复杂场景中,目标径向运动速度方向不一定相同。因此,测量时需要考虑运动方向。故可根据最大不模糊速度 $v_{\max}$ 计算公式

$$v_{\max} = \frac{\lambda}{4T_c}$$

确定不模糊速度范围,即 $[-v_{\max}, v_{\max})$,其中,T_c 为 LFMCW 信号的重复周期,λ 为雷达信号波长。

d) 实验测量(21 分)

(1) 雷达系统初始参数

测角分辨率实验中,配置的雷达系统初始参数如表 6 - 25 所列。

表 6 - 25 最大不模糊速度实验雷达系统参数记录表

序 号	记录内容	数 值
1	载频/Hz	
2	调频斜率/(Hz·s^{-1})	
3	调制周期/μs	
4	采样率/MHz	
5	单 chirp 有效采样点数	
6	有效带宽/GHz	
7	距离分辨率/m	

(2) 转速 25 r/s 实验测量

当设置为较低转速时,雷达回波的多普勒频率较小。实验测量的雷达时域回波和一维距离像如图 6 - 49 所示。chirp 抽取比例分别为 1:1,1:2,1:4 条件下的距离-速度图如图 6 - 50 所示。从各帧获得的目标的时间-速度曲线如图 6 - 51 所示。由实验测量得到的目标的速度参数如表 6 - 26 所列。

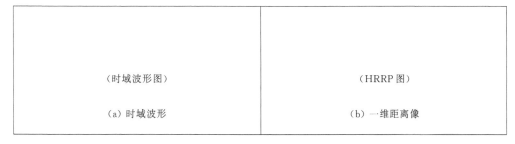

图 6 - 49 转速 1 第 *X* 帧雷达回波时域波形与一维距离像

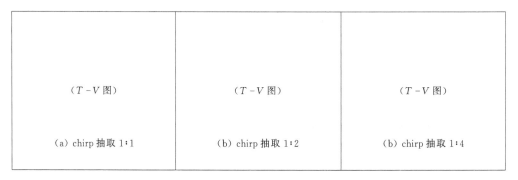

（RVM 图）	（RVM 图）	（RVM 图）
（a）chirp 抽取 1∶1	（b）chirp 抽取 1∶2	（b）chirp 抽取 1∶4

图 6-50　转速 1 第 X 帧距离-速度图

（T-V 图）	（T-V 图）	（T-V 图）
（a）chirp 抽取 1∶1	（b）chirp 抽取 1∶2	（b）chirp 抽取 1∶4

图 6-51　转速 1 时间-速度曲线

表 6-26　最大不模糊速度实验数据记录 A

序　号	记录内容	数据记录		
1	激光测距仪测量步进电机中心到雷达距离/m			
2	设定的目标旋转半径/m			
3	设定的步进电机转速/（r·s^{-1}）	25		
4	预期的目标最大径向速度/（m·s^{-1}）			
5	预期的最大多普勒频率/Hz			
6	发射信号 chirp 重复周期/μs			
7	设定的原始单帧积累调频周期数	64		
8	chirp 抽取比例	1∶1	1∶2	1∶4
9	雷达可测的最大不模糊速度/（m·s^{-1}）			
10	测量的最大多普勒频率/Hz			
11	测量的目标最大径向速度/（m·s^{-1}）			

（3）转速 50 r/s 实验测量

当设置为较低转速时，雷达回波的多普勒频率较小。实验测量的雷达时域回波和一维距离像如图 6-52 所示。chirp 抽取比例分别为 1∶1，1∶2，1∶4 条件下的距离-速度图如图 6-53 所示。从各帧获得的目标的时间-速度曲线如图 6-54 所示。由实验测量得到的目标的速度参数如表 6-27 所列。

（时域波形图）	（HRRP 图）
（a）时域波形	（b）一维距离像

图 6 - 52　转速 2 第 X 帧雷达回波时域波形与一维距离像

（RVM 图）	（RVM 图）	（RVM 图）
（a）chirp 抽取 1∶1	（b）chirp 抽取 1∶2	（b）chirp 抽取 1∶4

图 6 - 53　转速 2 第 X 帧距离-速度图

（T - V 图）	（T - V 图）	（T - V 图）
（a）chirp 抽取 1∶1	（b）chirp 抽取 1∶2	（b）chirp 抽取 1∶4

图 6 - 54　转速 2 时间-速度曲线

表 6 - 27　最大不模糊速度实验数据记录 B

序　号	记录内容	数据记录		
1	激光测距仪测量步进电机中心到雷达距离/m			
2	设定的目标旋转半径/m			
3	设定的步进电机转速/(r・s^{-1})	50		
4	预期的目标最大径向速度/(m・s^{-1})			
5	预期的最大多普勒频率/Hz			
6	发射信号 chirp 重复周期/μs			
7	设定的原始单帧积累调频周期数	64		
8	chirp 抽取比例	1∶1	1∶2	1∶4
9	雷达可测的最大不模糊速度/(m・s^{-1})			
10	测量的最大多普勒频率/Hz			
11	测量的目标最大径向速度/(m・s^{-1})			

（4）转速 75 r/s 实验测量

当设置为较高转速时,雷达回波的多普勒频率较小。实验测量的雷达时域回波和一维距离像如图 6 - 55 所示。chirp 抽取比例分别为 1:1,1:2,1:4 条件下的距离-速度图如图 6 - 56 所示。从各帧获得的目标的时间-速度曲线如图 6 - 57 所示。由实验测量得到的目标的速度参数如表 6 - 28 所列。

（时域波形图）	（HRRP 图）
(a) 时域波形	(b) 一维距离像

图 6 - 55　转速 3 第 **X** 帧雷达回波时域波形与一维距离像

（RVM 图）	（RVM 图）	（RVM 图）
(a) chirp 抽取 1:1	(b) chirp 抽取 1:2	(b) chirp 抽取 1:4

图 6 - 56　转速 3 第 **X** 帧距离-速度图

（T - V 图）	（T - V 图）	（T - V 图）
(a) chirp 抽取 1:1	(b) chirp 抽取 1:2	(b) chirp 抽取 1:4

图 6 - 57　转速 3 时间-速度曲线

表 6 - 28　最大不模糊速度实验数据记录 C

序　号	记录内容	数据记录		
1	激光测距仪测量步进电机中心到雷达距离/m			
2	设定的目标旋转半径/m			
3	设定的步进电机转速/($r \cdot s^{-1}$)	25		
4	预期的目标最大径向速度/($m \cdot s^{-1}$)			
5	预期的最大多普勒频率/Hz			
6	发射信号 chirp 重复周期/μs			
7	设定的原始单帧积累调频周期数	64		
8	chirp 抽取比例	1:1	1:2	1:4
9	雷达可测的最大不模糊速度/($m \cdot s^{-1}$)			
10	测量的最大多普勒频率/Hz			
11	测量的目标最大径向速度/($m \cdot s^{-1}$)			

e）实验分析（7 分）

① 根据理论计算结果，若要提高雷达的最大不模糊速度为当前的 2 倍，雷达信号的 chirp 调频重复周期应为<u>165</u> μs。

解释：由最大不模糊速度计算公式 $v_{\max} = \dfrac{\lambda}{4T_c}$ 得，$v_{\max}$ 提升 2 倍则 T_c 即 LFMCW 信号的重复周期降为原来的 1/2。

② 实验中，抽取原始观测帧积累的 chirp 调频周期个数 1/2 后，雷达的速度分辨率为_____ m/s，雷达最大不模糊速度为_____ m/s，是原始观测帧积累的 chirp 调频周期个数对应最大不模糊速度的_____倍。

解释：速度分辨率取决于总的观测时长，最大不模糊速度则取决于 chirp 调制周期。

③ 雷达最大不模糊速度取决于哪些因素？对于 LFMCW 雷达，如何提高雷达的最大不模糊速度？

解释：由 $v_{\max} = \dfrac{\lambda}{4T_c}$ 可知，影响雷达最大不模糊速度的参数有雷达波长 λ，以及信号周期 T_c。对于 LFMCW 雷达，可以通过降低信号周期来提高最大不模糊速度。

6.3　毫米波雷达测角实验报告

学号_____　　　姓名_____　　　日期_____

1. 雷达测角原理实验

a）实验目的（略）

b）实验原理（略）

c）理论计算（2 分）

已知 LFMCW 雷达中心频率为 77 GHz，天线为一发四收配置，接收天线阵元间隔为 2 mm，目标位置偏离雷达中心视线方向 30°。雷达对该目标进行测量时，计算各相邻天线通道的相位差为_____。

d）实验测量（22 分）

（1）雷达系统初始参数

测角分辨率实验中，配置的雷达系统初始参数如表 6-29 所列。

表 6-29　测角原理实验雷达系统参数记录表

序　号	记录内容	数　值
1	载波频率/GHz	
2	调频斜率/(MHz·μs^{-1})	
3	调制周期/μs	
4	采样率/MHz	
5	单 chirp 有效采样点数	
6	有效射频带宽/GHz	
7	径向距离分辨率/m	
8	发射天线单元个数（水平方向）	

序　号	记录内容	数　值
9	接收天线单元个数(水平方向)	
10	天线单元间隔/mm	
11	方位向不重叠的虚拟通道个数	

(2) 第一组目标位置测量结果

第一组目标位置较近时,目标 1 和目标 2 独立测量时的雷达时域回波和一维距离像分别如图 6-58~图 6-59 所示,各天线通道中两个目标所在距离单元的幅度和相位曲线如图 6-60 所示,得到的测角结果如图 6-61 所示。保持两个目标位置不变,对其同时测量,雷达时域回波和二维距离-角度图分别如图 6-62~图 6-63 所示。两个目标角度测量的实验数据记录如表 6-30 所列。

(时域波形图)	(时域波形图)
(a) 目标 1	(b) 目标 2

图 6-58　第一组目标位置独立测量时雷达回波时域波形

(HRRP 图)	(HRRP 图)
(a) 目标 1	(b) 目标 2

图 6-59　第一组目标位置独立测量时一维距离像

(幅度曲线)	(相位曲线)
(a) 目标 1 幅度曲线	(b) 目标 1 相位曲线
(幅度曲线)	(相位曲线)
(c) 目标 2 幅度曲线	(d) 目标 2 相位曲线

图 6-60　第一组目标位置独立测量时目标距离单元幅相曲线

（测角图） （a）目标 1	（测角图） （b）目标 2

图 6-61　第一组目标位置独立测量时测角结果

（时域波形图）

图 6-62　第一组目标位置同时测量时雷达回波时域波形

（RAM 图）

图 6-63　第一组目标位置同时测量时测角结果

表 6-30　测角原理实验数据记录表 A

序　号	记录内容	数据记录
1	激光测距仪测量目标位置 1 到雷达的距离/m	
2	位置 1 目标距离单元相位差分平均值/(°)	
3	雷达测量目标位置 1 的方位角/(°)	
4	激光测距仪测量目标位置 2 到雷达的距离/m	
5	激光测距仪测量目标位置 1 到位置 2 的距离/m	
6	计算位置 1 和位置 2 与雷达连线的夹角/(°)	
7	位置 2 目标距离单元相位差分平均值/(°)	
8	雷达测量目标位置 2 方位角/(°)	
9	两目标独立测量时的方位角差值/(°)	
10	两目标同时测量时位置 1 目标的方位角/(°)	
11	两目标同时测量时位置 2 目标的方位角/(°)	
12	两目标同时测量时的方位角差值/(°)	

（3）第二组目标位置测量结果

目标位置变化后,第二组目标位置较远时,对两个目标同时测量的雷达时域回波和二维距离-角度图分别如图 6-64～图 6-65 所示。移动后,两个目标角度测量的实验数据记录如表 6-31 所列。

（时域波形图）

图 6-64　第二组目标位置同时测量时雷达回波时域波形

（RAM 图）

图 6-65　第二组目标位置同时测量时测角结果

表 6-31　测角原理实验数据记录表 B

序　　号	记录内容	数据记录
1	激光测距仪测量目标位置 3 到雷达的距离/m	
2	激光测距仪测量目标位置 4 到雷达的距离/m	
3	激光测距仪测量目标位置 3 到位置 4 的距离/m	
4	计算位置 3 和位置 4 与雷达连线的夹角/(°)	
5	雷达测量目标位置 3 的方位角/(°)	
6	雷达测量目标位置 4 的方位角/(°)	
7	雷达测量目标位置 3 和位置 4 的方位角差值/(°)	

e）实验分析（6 分）

① 从测角原理可知,当目标角度偏离雷达主视线方向时将存在较大误差。为了减小测量误差,可以采取哪些有效措施?

② 雷达测角的本质是什么? 与雷达回波时域信号、天线单元空间分布的关系是什么? 天线相邻单元之间的距离应如何确定,对角度测量会产生什么影响?

2. 雷达测角分辨率实验

a）实验目的（略）

b）实验原理（略）

c）理论计算（2 分）

已知 LFMCW 雷达中心频率为 77 GHz，天线孔径长度为 24 mm。计算此时该雷达的测角分辨率为_____。

d）实验测量（24 分）

（1）雷达系统初始参数

测角分辨率实验中，配置的雷达系统初始参数如表 6 - 32 所列。

表 6 - 32　测角分辨率实验雷达系统参数记录表

序　号	记录内容	数　值
1	载波频率/GHz	
2	调频斜率/(MHz·μs^{-1})	
3	调制周期/μs	
4	采样率/MHz	
5	单 chirp 有效采样点数	
6	有效射频带宽/GHz	
7	径向距离分辨率/m	
8	发射天线单元个数（水平方向）	
9	接收天线单元个数（水平方向）	
10	天线单元间隔/mm	
11	方位向不重叠的虚拟通道个数	
12	初始设置理论角度分辨率/(°)（水平方向）	

（2）目标间大张角（4 倍于角分辨率）实验测量

目标间大张角时原始雷达回波时域波形如图 6 - 66 所示。对原始数据进行二维傅里叶变换，并进行 CFAR 检测，从而确定目标的方位。其中，对全孔径数据的处理结果如图 6 - 67 所示，对截取的半孔径数据处理结果如图 6 - 68 所示。目标角度测量实验数据记录如表 6 - 33 所列。

（时域波形）

图 6 - 66　目标间大张角时雷达回波时域波形

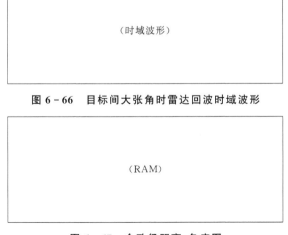

（RAM）

图 6 - 67　全孔径距离-角度图

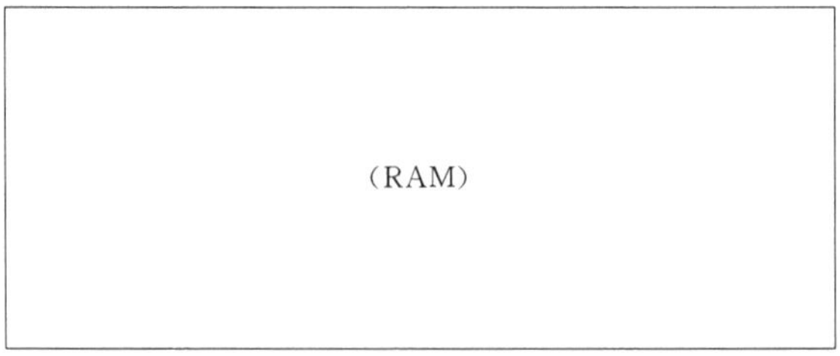

（RAM）

图 6 - 68　半孔径距离-角度图

表 6 - 33　测角分辨率实验数据记录表 A

序　号	记录内容	数据记录	
1	激光测距仪测量目标 1 到雷达的距离/m		
2	激光测距仪测量目标 2 到雷达的距离/m		
3	激光测距仪测量目标 1 到目标 2 的距离/m		
4	两目标与雷达连线的夹角/(°)		
5	孔径比例	全孔径	半孔径
6	理论角度分辨率/(°)（水平方向）		
7	雷达测量目标 1 方位角/(°)		
8	雷达测量目标 2 方位角/(°)		

（3）目标间中等张角（2 倍于角分辨率）实验测量

目标间中等张角时原始雷达回波时域波形如图 6 - 69 所示。对原始数据进行二维傅里叶变换，并进行 CFAR 检测，从而确定目标的方位。其中，对全孔径数据的处理结果如图 6 - 70 所示，对截取的半孔径数据处理结果如图 6 - 71 所示。目标角度测量实验数据记录如表 6 - 34 所列。

（时域波形）

图 6 - 69　目标间中等张角时雷达回波时域波形

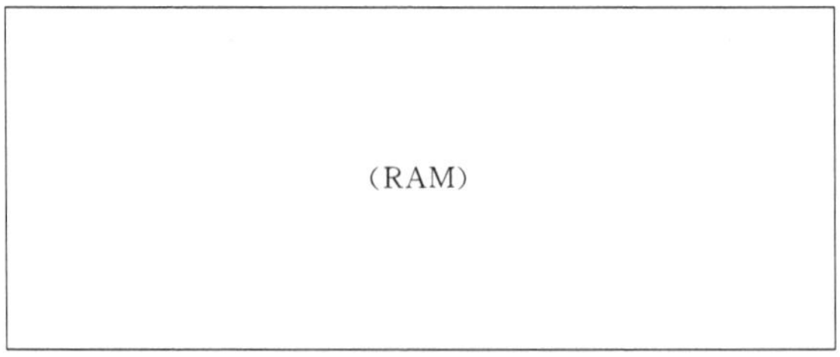

（RAM）

图 6 - 70　全孔径距离-角度图

（RAM）

图 6 - 71　半孔径距离-角度图

表 6 - 34　测角分辨率实验数据记录表 B

序　号	记录内容	数据记录	
1	激光测距仪测量目标 1 到雷达的距离/m		
2	激光测距仪测量目标 2 到雷达的距离/m		
3	激光测距仪测量目标 1 到目标 2 的距离/m		
4	两目标与雷达连线的夹角/(°)		
5	孔径比例	全孔径	半孔径
6	理论角度分辨率/(°)(水平方向)		
7	雷达测量目标 1 方位角/(°)		
8	雷达测量目标 2 方位角/(°)		

（4）目标间小张角(约为角分辨率)实验测量

目标间小张角时原始雷达回波时域波形如图 6 - 72 所示。对原始数据进行二维傅里叶变换，并进行 CFAR 检测，从而确定目标的方位。其中，对全孔径数据的处理结果如图 6 - 73 所示，对截取的半孔径数据处理结果如图 6 - 74 所示。目标角度测量实验数据记录如表 6 - 35 所列。

（时域波形）

图 6 - 72　目标间中等张角时雷达回波时域波形

（RAM）

图 6 - 73　全孔径距离-角度图

（RAM）

图 6-74　半孔径距离-角度图

表 6-35　测角分辨率实验数据记录表 C

序　号	记录内容	数据记录	
1	激光测距仪测量目标 1 到雷达的距离/m		
2	激光测距仪测量目标 2 到雷达的距离/m		
3	激光测距仪测量目标 1 到目标 2 的距离/m		
4	两目标与雷达连线的夹角/(°)		
5	孔径比例	全孔径	半孔径
6	理论角度分辨率/(°)(水平方向)		
7	雷达测量目标 1 方位角/(°)		
8	雷达测量目标 2 方位角/(°)		

e) 实验分析(4 分)

① 根据理论计算结果,若要提高角度分辨率至当前的 4 倍,天线孔径尺寸应为_____。

② LFMCW 雷达的角度分辨率取决于哪些因素? 如何提高雷达的测角分辨能力?

3. 雷达测角精度实验

a) 实验目的(略)

b) 实验原理(略)

c) 理论计算(2 分)

已知 LFMCW 雷达中心频率为 77 GHz,天线孔径长度为 24 mm,信噪比为 10 dB。计算此时该雷达的测角精度为_____ 。

d) 实验测量(23 分)

(1) 雷达系统初始参数

测角精度实验中,配置的雷达系统初始参数如表 6-36 所列。

表 6-36　测角精度实验雷达系统参数记录表

序　号	记录内容	数　值
1	载波频率/GHz	
2	调频斜率/(MHz·μs^{-1})	

序　号	记录内容	数　值
3	调制周期/μs	
4	采样率/MHz	
5	单 chirp 有效采样点数	
6	有效射频带宽/GHz	
7	径向距离分辨率/m	
8	发射天线单元个数（水平方向）	
9	接收天线单元个数（水平方向）	
10	天线单元间隔/mm	
11	方位向不重叠的虚拟通道个数	
12	初始设置理论角度分辨率/(°)（水平方向）	

（2）三面角反射器测角精度实验

三面角反射器的雷达回波时域波形和一维距离像分别如图 6 - 75～图 6 - 76 所示,各天线通道目标所在距离单元的幅度和相位曲线如图 6 - 77 所示,采用全孔径和半孔径数据得到的测角结果如图 6 - 78 所示。三面角反射器测角精度的实验数据记录如表 6 - 37 所列。

（时域波形图）	（时域波形图）	（时域波形图）
（a）第一次	（b）第二次	（c）第三次

图 6 - 75　三面角反射器雷达回波时域波形

（HRRP 图）	（HRRP 图）	（HRRP 图）
（a）第一次	（b）第二次	（c）第三次

图 6 - 76　三面角反射器一维距离像

（幅度曲线）	（相位曲线）
（a）第一次幅度曲线	（b）第一次相位曲线
（幅度曲线）	（相位曲线）
（c）第二次幅度曲线	（d）第二次相位曲线
（幅度曲线）	（相位曲线）
（e）第三次幅度曲线	（f）第三次相位曲线

图 6 - 77　三面角反射器距离单元幅相曲线

（测角图）	（测角图）
（a）第一次全孔径	（b）第一次半孔径
（测角图）	（测角图）
（c）第二次全孔径	（d）第二次半孔径
（测角图）	（测角图）
（e）第三次全孔径	（f）第三次半孔径

图 6 - 78　三面角反射器测角结发果

表 6－37　三面角反射器测角精度实验数据记录表

序　号	记录内容		测量结果			
1	角度分辨率/(°)(水平方向)					
2	激光测距仪测量目标到雷达距离/m					
3	次　序	孔径尺寸	目标单元能量/J	噪声功率谱密度/($W \cdot Hz^{-1}$)	信噪比	测角精度/(°)
4	第一次测量	全孔径				
5		半孔径				
6	第二次测量	全孔径				
7		半孔径				
8	第三次测量	全孔径				
9		半孔径				

（3）金属球测角精度实验

金属球的雷达回波时域波形和一维距离像分别如图 6－79～图 6－80 所示，各天线通道目标所在距离单元的幅度和相位曲线如图 6－81 所示，采用全孔径和半孔径数据得到的测角结果如图 6－82 所示。金属球测角精度的实验数据记录如表 6－38 所列。

(时域波形图)　(a) 第一次

(时域波形图)　(b) 第二次

(时域波形图)　(c) 第三次

图 6－79　金属球雷达回波时域波形

(HRRP 图)　(a) 第一次

(HRRP 图)　(b) 第二次

(HRRP 图)　(c) 第三次

图 6－80　金属球一维距离像

（幅度曲线）	（相位曲线）
（a）第一次幅度曲线	（b）第一次相位曲线
（幅度曲线）	（相位曲线）
（c）第二次幅度曲线	（d）第二次相位曲线
（幅度曲线）	（相位曲线）
（e）第三次幅度曲线	（f）第三次相位曲线

图 6 - 81　金属球距离单元幅相曲线

（测角图）	（测角图）
（a）第一次全孔径	（b）第一次半孔径
（测角图）	（测角图）
（c）第二次全孔径	（d）第二次半孔径
（测角图）	（测角图）
（e）第三次全孔径	（f）第三次半孔径

图 6 - 82　金属球测角结果

表 6-38　金属球测角精度实验数据记录表

序　号	记录内容	测量结果				
1	角度分辨率/(°)(水平方向)					
2	激光测距仪测量目标 到雷达距离/m					
3	次　序	孔径尺寸	目标单元能量/J	噪声功率谱密度/(W·Hz⁻¹)	信噪比	测角精度/(°)
4	第一次测量	全孔径				
5		半孔径				
6	第二次测量	全孔径				
7		半孔径				
8	第三次测量	全孔径				
9		半孔径				

e) 实验分析(5分)

① 若某雷达系统由于突发故障,导致全孔径天线中的仅有中间连续的一半孔径有效,则雷达的测角精度将变为原来的_____倍。

② 雷达测角精度取决于哪些因素? 对于 LFMCW 雷达,如何提高雷达的测角精度? 雷达测角中,若要使雷达测速精度提升 2 倍,可采取哪些具体措施?

参考文献

[1] 许小剑，黄培康. 雷达系统及其信息处理[M]. 2版. 北京：电子工业出版社，2018.

[2] 丁鹭飞，耿富禄，陈建春. 雷达原理[M]. 6版. 北京：电子工业出版社，2020.

[3] Merrill I. Skolnik，南京电子技术研究所，译. 雷达手册[M]. 3版. 北京：电子工业出版社，2010.

[4] 陈伯孝，杨林，魏青. 雷达原理与系统[M]. 西安：西安电子科技大学出版社，2021.

[5] 王雪松，李盾，王伟. 雷达技术与系统[M]. 2版. 北京：电子工业出版社，2014.

[6] Mark A. Richards. 雷达信号处理基础[M]. 2版. 邢孟道，王彤，李真芳，译. 北京：电子工业出版社，2017.

[7] Robert M. O'Donnell. Introduction to Radar Systems[EB/OL]. http://ocw. mit. edu/ resources/ res-ll-001-introduction-to-radar-systems-spring-2007.

[8] Cesar Iovescu，Sandeep Rao. The fundamentals of millimeter wave radar sensor[J]. Texas Instruments，2017：1-8.

[9] 许小剑. 雷达目标散射特性测量与处理技术[M]. 北京：国防工业出版社，2017.

[10] Bassem R. Mahafza. 雷达系统分析与设计（MATLAB 版）[M]. 3版. 周万幸，胡明春，吴鸣亚，孙俊，译. 北京：电子工业出版社，2016.

[11] 陈鹏辉，白玉晶，王俊. 毫米波雷达智能感知实验软件[P]. 软件著作权登记号 2023SR1118362.

[12] 袁涛，葛俊祥，郑启生. 一种提高连续波雷达目标检测精度的方法[J]. 雷达科学与技术，2020，18(2)：5.

[13] Rabbani MS，Ghafouri-Shiraz H . Accurate remote vital sign monitoring with 10，GHz ultra-wide patch antenna array[J]. AEU-International Journal of Electronics and Communications，2017，77：36-42.

[14] Hazra S，Santra A. Robust Gesture Recognition using Millimetric-Wave Radar System[J]. IEEE Sensors Letters，2018，2(4)：1-4.

[15] Mata-MoyaD，Del-Rey-Maestre N，Peláez-Sánchez，Víctor M，et al. MLP-CFAR for improving coherent radar detectors robustness in variable scenarios[J]. Expert Systems with Applications，2015，42(11)：4878-4891.

[16] 白玉晶. 基于深度学习的 FMCW 雷达手势识别方法研究[D]. 北京：北京航空航天大学，2021.

[17] 龚子为. 毫米波雷达手势运动参数估计与识别方法研究[D]. 北京：北京航空航天大学，2022.

[18] 袁晨晨. 基于 FMCW 毫米波雷达的微动手势测量与识别方法研究[D]. 北京：北京航空航天大学，2023.